配网不停电作业
绝缘斗臂车安全操作技能

国网宁夏电力有限公司中卫供电公司 编

中国电力出版社
CHINA ELECTRIC POWER PRESS

图书在版编目（CIP）数据

配网不停电作业绝缘斗臂车安全操作技能 / 国网宁夏电力有限公司中卫供电公司编. —北京：中国电力出版社，2022.8
ISBN 978-7-5198-6621-1

Ⅰ. ①配… Ⅱ. ①国… Ⅲ. ①绝缘起重机–配电系统–带电作业–安全技术　Ⅳ. ①TH21 ②TM726

中国版本图书馆 CIP 数据核字（2022）第 045461 号

出版发行：中国电力出版社
地　　址：北京市东城区北京站西街 19 号（邮政编码 100005）
网　　址：http://www.cepp.sgcc.com.cn
责任编辑：雍志娟
责任校对：黄　蓓　朱丽芳
装帧设计：张俊霞
责任印制：石　雷

印　　刷：三河市万龙印装有限公司
版　　次：2022 年 8 月第一版
印　　次：2022 年 8 月北京第一次印刷
开　　本：710 毫米×1000 毫米　16 开本
印　　张：6
字　　数：63 千字
印　　数：0001—1000 册
定　　价：40.00 元

版 权 专 有　侵 权 必 究
本书如有印装质量问题，我社营销中心负责退换

编 委 会

主　　任	冯国瑞	齐　屹		
委　　员	陆彦虎	田　炯	王　文	李振东
	汪　华	何春宁	杨熠鑫	田　玮
	韩　涛	张　栋	冯晓群	何玉鹏

主　　编	朱宇辰	张金鹏		
副 主 编	张鹏程	陶宁平	孙　杰	赵　荣
参编人员	李　俊	顾泽玉	刘军福	孙远强
	姚志刚	郝红卫	燕正家	吴少杰
	马　敏	韩学勤	罗　临	张子诚
	葛　超	买晓文	田春国	田　彬
	李凯平	尤　鑫	缪洪涛	马彦兵
	马　淋	李　鹏	李玉超	王　玺
	周宁安	孙　云	刘江伟	何玉宝
	苏国泷	石　涛	徐永林	虎生江
	申新远	张仁和	韩世军	李真娣
	杜　帅	麦晓庆	胡长武	高　伟
	武　曦	李宏涛	关海亮	杨学鹏
	王晓尉	王立欣	卢雅婧	纪德
	马　丽	梁宗欲	马华	赵中标
	康增尚	孙耀斌	雍少华	李文涛
	王　睿	朱　涛	毕伟伟	王玮玮
	王令民	韩卫坚	郑　磊	胡德敏
	曲志龙	王军勃		

前言
PREFACE

近年来，为减少停电次数，提高供电可靠性，满足不断提升的社会生产和人民生活需要，各地电网企业践行社会责任，纷纷采取措施减小停电范围，提升检修效率。配电网作为人民群众用电的"最后一公里"，用户的感知与体验尤为突出。配网不停电作业以其"零停电、零感知"的独特优势获得了大范围的应用和推广。这也吸引了很多民营企业的投入，并在全国范围内组建起了多家配网不停电作业施工服务型企业。

随着配网不停电作业产业的不断发展，绝缘斗臂车因其具有作业效率高、人身安全防护水平高等优点，已成为配网不停电作业中不可或缺的重要装备。正确地使用绝缘斗臂车是配网不停电作业的必要条件。为此，国网宁夏电力有限公司中卫供电公司（以下简称"国网中卫供电公司"）根据国家电网公司《10kV配网不停电作业规范》，在充分咨询了青岛重器特种装备有限公司、青岛中汽特种汽车有限公司、徐州海伦哲专用车辆股份有限公司及青岛索尔汽车有限公司等国内绝缘斗臂车生产制造企业，并在收集了相关技术资料的基础上，编制了《配网不停电作业绝缘斗臂车安全操作技能》。

本书系统地介绍了配网不停电作业用绝缘斗臂车的结构组成、安全操作、注意事项、常见故障分析与处理，图文并茂，具有较强针对性，适合职业技能鉴定、岗位技能培训等相关人员使用。

由于笔者学识有限，本书难免存在不足之处，恳请广大读者批评指正！

编者

2022 年 8 月

目录 CONTENTS

前言

第一章 绝缘斗臂车概况 ·· 1
第一节 绝缘斗臂车介绍 ·· 1
第二节 绝缘斗臂车分类 ·· 3

第二章 绝缘斗臂车下装操作 ···································· 6
第一节 下装部分介绍 ·· 6
第二节 操作方法 ··· 11

第三章 绝缘斗臂车上装操作 ··································· 32
第一节 上装部分介绍 ··· 32
第二节 转台（操作台）操控系统操作 ························· 36
第三节 绝缘斗内操控系统操作 ································· 46
第四节 绝缘斗臂车上装操作注意事项 ························· 67

- 第四章 应急救援操作 …………………………………… 71
  - 第一节 单车自救操作 …………………………………… 72
  - 第二节 双车（多车）救援操作 ………………………… 73
  - 第三节 绳索救援操作 …………………………………… 75

- 第五章 常见故障分析与处理 ………………………………… 77

第一章 绝缘斗臂车概况

第一节 绝缘斗臂车介绍

绝缘斗臂车是一种在交通允许的条件下用于不停电作业的特殊车辆。在我国，绝缘斗臂车常应用于0.4～500kV输配电线路不停电作业领域。绝缘斗臂车作业在配网不停电作业（0.4～20kV）中应用最为广泛、效率最高。

配网不停电作业用绝缘斗臂车主要由工作上装（绝缘平台、工作臂、转台）和车辆下装（车辆底盘、车载工器具柜、支腿、接地装置）两部分构成，其绝缘斗、工作臂、控制油路（线路）、斗臂结合部都具有一定的绝缘性能，并带有接地线，可在不停电作业时为人体提供相对地之间的绝缘防护。绝缘斗臂车的正确使用是安全开展不停电作业的必要条件，见图1-1。

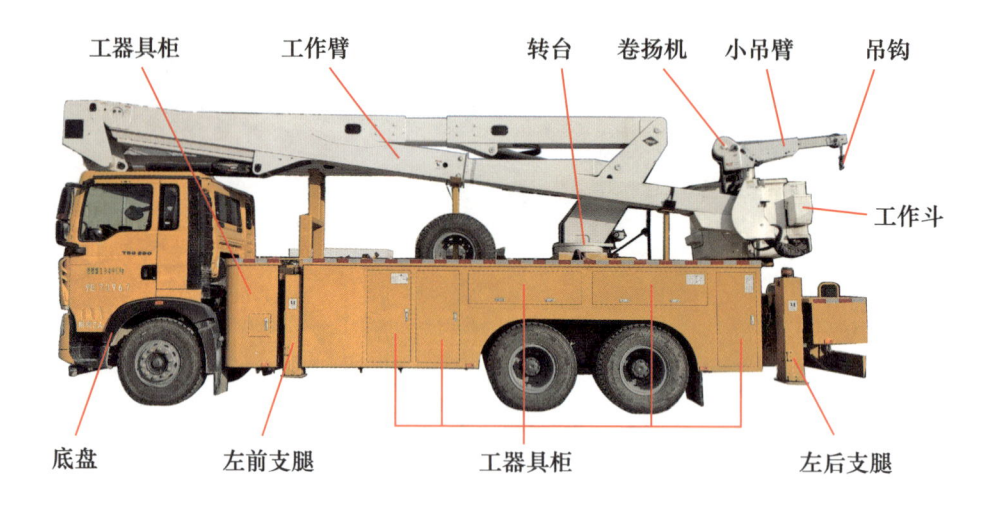

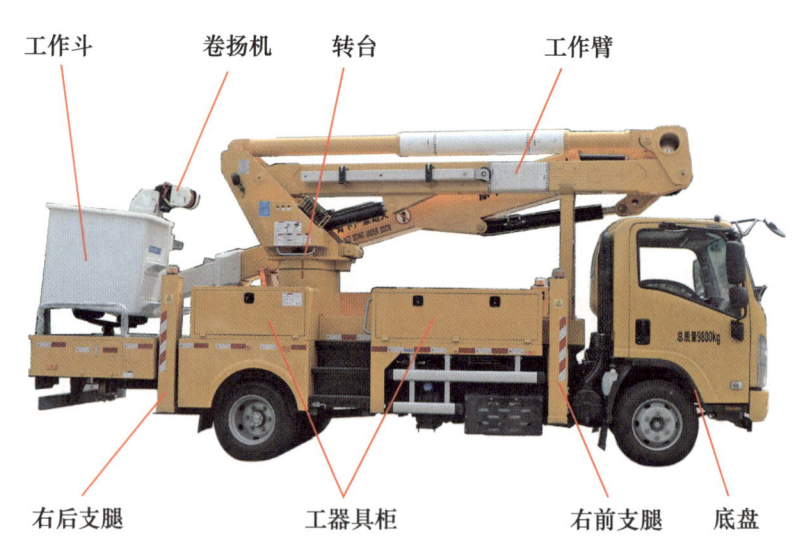

图 1-1 绝缘斗臂车主要部件实例图

第二节 绝缘斗臂车分类

目前,应用于配网不停电作业的绝缘斗臂车主要分为伸缩臂式绝缘斗臂车、折叠臂式绝缘斗臂车和混合臂式绝缘斗臂车。

1. 伸缩臂式绝缘斗臂车

伸缩臂式绝缘斗臂车是由一节或者两节金属臂和一节绝缘臂组成,整车外形尺寸相对较小,操作方便,效率高,但因其绝缘性能与绝缘长度有直接关系,伸缩臂式绝缘斗臂车在作业时需将绝缘臂伸出足够的绝缘长度,以满足绝缘等级的需要,见图1-2。

2. 折叠臂式绝缘斗臂车

折叠臂式绝缘斗臂车是由上绝缘臂和下金属臂组成。折叠臂式绝缘斗臂车最高可满足500kV不停电作业的需要,并且广泛适用于各种电压等级,其上绝缘臂可以根据不同工况需求做出不同的长度,但作业幅度小,在作业环境方面相对于其他类型车辆要求更为严苛,见图1-3。

3. 混合臂式绝缘斗臂车

混合臂式绝缘斗臂车是由伸缩臂和折叠臂两者组合而成,既有前述两者的优点,同时也规避了两者的缺点,其外形小巧结构紧凑,作业幅度大,是目前最受欢迎的绝缘斗臂车,见图1-4。

图 1-2 伸缩臂式绝缘斗臂车

图 1-3 折叠臂式绝缘斗臂车

图 1-4 混合臂式绝缘斗臂车

第二章 绝缘斗臂车下装操作

第一节 下装部分介绍

绝缘斗臂车下装部分主要由车辆底盘、车载工器具柜、支腿及接地装置构成。

1. 车辆底盘

底盘是绝缘斗臂车的行走、取力机构,同时也是作业上装的支撑部分,起支承、安装车辆发动机及其各部件、总成的作用,能够接受发动机的动力,使车辆产生运动,保证车辆的正常行驶,为车辆各部件提供动力,其通常由传动系统、行驶系统、转向系统和制动系统四部分组成。

底盘中的取力装置是绝缘斗臂车的重要组成部分,其功能是将车辆底盘发动机的动力取出,作为动力源提供给上装部分和支腿。绝缘斗臂车一般采用变速箱取力,即取力器安装在底盘变速箱专门设计的取力口上,取力器齿轮在工作时与变速箱内相应输出齿轮啮合,从而将动力取出。

推动取力器齿轮啮合或脱开的机构称为取力操纵机构,分为气动操纵和机械操纵两种。取力装置通过传动轴或与液压油泵直接连接的方式,将发动机动力转化为液压动力。

2. 车载工器具柜

车载工器具柜的作用是有序地承载作业时所需的安全工器具及材料,避免因物件混装、运输颠簸引起工器具损伤,见图2-1。

图2-1 车载工器具柜承载工器具及材料

车载工器具柜主要分布在车体左、右两侧,一般为手动外拉式结构,配有密封胶条。随着车型的不同,车载工器具柜也存在着不同的形状和样式,其仓位的大小和数量也各有不同,见图2-2。

图 2-2 车载工器具柜

3. 支腿

支腿是用于承托绝缘斗臂车整体结构的支撑装置,可减轻轮胎负担,提高整车的抗倾覆稳定性。支腿形式主要分为 H 型支腿、蛙型支腿、A 型支腿和无支腿。

第二章　绝缘斗臂车下装操作

　　无支腿式绝缘斗臂车因底盘稳定性较高,且常在地面较为平坦坚实的场所作业,其底盘不设置支腿,作业范围要小于支腿式绝缘斗臂车,见图 2-3。

图 2-3　无支腿式绝缘斗臂车

4. 接地装置

绝缘斗臂车结构上除绝缘臂与绝缘斗两部分以外全部为金属部件，鉴于配网不停电作业的环境特点，长期处于强电场及带电环境中，若不及时排出车身电荷，将直接降低绝缘材料的绝缘性能，甚至击穿绝缘材料，存在严重影响作业安全的风险。然而，车辆支腿展放后，尽管车辆支腿为金属材质，但由于地面附着物具有一定绝缘特性，仍会导致车辆接地效果不良。因此，绝缘斗臂车均配备独立的车辆接地装置，见图 2-4。

图 2-4 车辆独立接地装置

绝缘斗臂车接地装置通常包含接地体（埋入地中并与大地直接接触的一组金属导体）和接地引下线（车身接地部分与接地体连接的金属导体）。其作用是通过降低接地电阻，加速接地电流的扩散，从而降低车身电势，确保作业安全，见图 2-5。

图 2-5　接地体与接地引下线

第二节　操　作　方　法

一、车辆停放方法

绝缘斗臂车进入作业现场后，驻车并放置阻轮块或相同物。注意事项：

（1）水平停放时，应在左右后轮的前后侧放置阻轮块或相同物，并与轮胎紧密接触。

（2）倾斜路面停放时，车头朝向下坡方向，驻车并在每只轮胎的下坡侧放置阻轮块或相同物。

二、驱动力转换

驱动力转换是车辆的行驶驱动力与液压驱动力的相互转换。

在发动机启动怠速状态下,将绝缘斗臂车的行驶驱动力转换至液压驱动力的方法为:

(1)确认变速器操纵杆处于空挡(N挡),取力器操作杆或按钮处于关闭(OFF)位置,见图2-6、图2-7。

图2-6 变速器操纵杆处于空挡(N挡)(一)

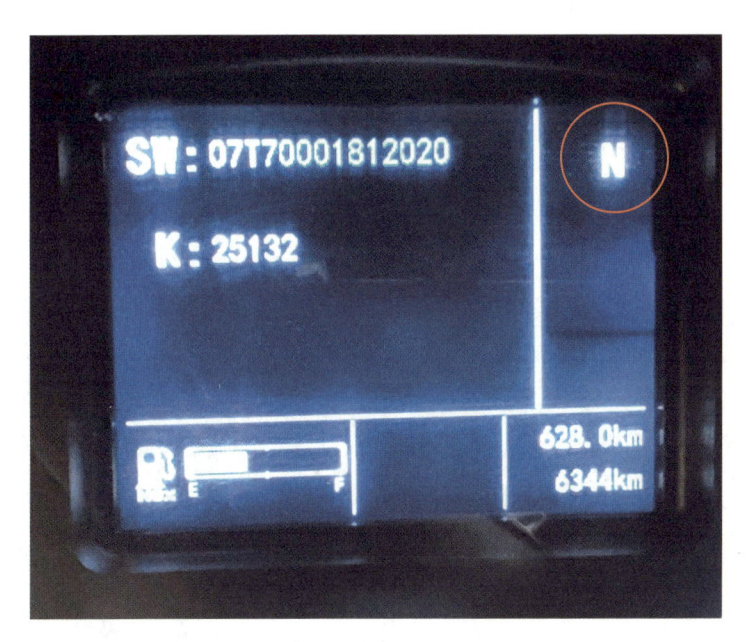

图 2-6　变速器操纵杆处于空挡（N 挡）（二）

图 2-7　取力器按钮处于关闭

（2）将离合器踏板踩到底，同时把取力器操纵杆或开关置于接通（ON）位置。此时，驾驶室内的取力指示灯点亮，支腿装置操作部位的计时器开始工作，见图2-8。

图2-8 取力指示灯点亮

注意事项：

（1）取力器（PTO）手柄或开关因底盘厂家不同，其形状和操作方法不同。

（2）变速器操纵杆如不在空挡，当进行发动机启动（停止）操作时，车辆会发生移动，非常危险。

（3）某些气体制动车辆，有可能因气缸压力不足，造成驱动力转换无效，应待气缸压力达到车辆所需有效值后（参见车辆使用说明），再进行驱动力转换。

（4）当高空作业时，操纵取力开关使取力器的滑移齿轮与变速箱的输出取力齿轮啮合，取力器输出轴带动传动杆，传动杆带动油泵工作，从而将发动机的机械能转为液压能，为液压系统提供动力。在车辆行驶时，变速箱齿轮转速较高，若取力器与变速箱取力齿轮未处于断开状态，将损坏液压驱动系统。

（5）当液压驱动力转换为行驶驱动力时，应确认已将离合器踏板踩到底后，再将取力器操作杆或按钮处于关闭（OFF）位置。

三、车辆支撑操作

（一）H型支腿支撑操作

H型支腿工作时伸出并垂直撑地后形如"H"，其特点是支腿跨距较大，对场地适应性较好。根据H型支腿特点，支腿的收放操作分为水平操作和垂直操作，见图2-9。

1. 支腿水平操作

（1）操作前，检查操作杆是否均处于中位。若未处于中位，应将操作杆置于中位，见图2-10。

图 2-9　H 型支腿支撑

图 2-10　操作杆均处于中位

（2）水平伸出操作：将"水平/垂直"操作杆扳至"水平"位置，操作"伸出/收缩"操作杆扳至"伸出"位置，四条支腿将平缓伸出。支腿伸出至适当位置后，将"伸出/收缩"操作杆扳至中位，支腿停止伸出，见图 2–11。

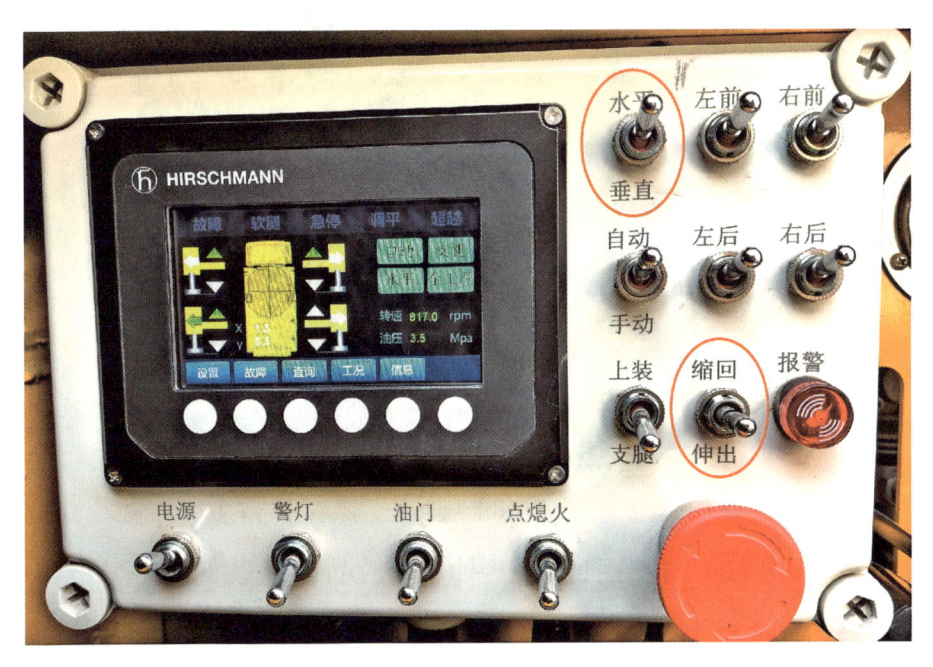

图 2–11　支腿操作杆扳至"水平、伸出"

（3）水平收缩操作：将"水平/垂直"操作杆扳至"水平"位置，操作"伸出/收缩"操作杆扳至"收缩"位置，四条支腿将平缓收缩。当支腿全部收回，将"伸出/收缩"操作杆扳至中位，支腿停止收缩。

2. 支腿垂直操作

（1）在支腿支撑对应位置放置支腿垫板，见图 2–12。

图 2-12　支腿对应位置放置垫板

（2）垂直伸出操作：将"水平/垂直"操作杆扳至"垂直"位置，操作"伸出/收缩"操作杆扳至"伸出"位置，四条支腿将平缓伸出并落于支腿垫板上。当车架达到水平状态后且车轮离地，将"伸出/收缩"操作杆扳至中位，垂直支腿停止伸出。

（3）垂直收缩操作：将"水平/垂直"操作杆扳至"垂直"位置，操作"伸出/收缩"操作杆扳至"收缩"位置，四条支腿将平缓收缩。当车轮着地且四条支腿全部收回，将"伸出/收缩"操作杆扳至中位，垂直支腿停止收缩。

（二）蛙型支腿支撑操作

蛙型支腿的活动支腿铰接在固定支腿上，其展开动作由独立的液压缸完成，特点是结构简单，质量较轻，但支腿跨度不大，荷载承力范围较小，常用于履带式绝缘斗臂车，见图 2-13。

图 2-13　蛙型支腿支撑

由于履带式绝缘斗臂车底盘自动化设定程度较高，蛙型支腿的操作较为便捷，其操作方式如下：

支腿支撑操作：

（1）停车收存状态下，解除四条支腿锁定，根据地形状况，拉开支腿至适当工作位（半开、全开）并锁定。

（2）在支腿支撑对应位置放置支腿垫板。

（3）自动操作：当地形平坦宽阔时，长按遥控器支腿"支撑（下落）"按钮，直至四条支腿完全撑起车辆并自动调平地盘后松开按钮。

手动操作：当地形狭小受限，需要支腿单独安放时，操作控制器选择需要安放的支腿，按下"支撑（下落）"按钮直至支脚接触地面。另外三条支腿循环操作并接触地面后，启动自动操作完成支腿的支撑与调平。

支腿回收操作：

（1）自动操作：工作结束，上装处于完全回收状态时，长按控制器"回收（抬升）"按钮，直至四条支腿完全收起后松开按钮；

（2）手动操作：与手动支撑操作相反。工作结束，上装处于完全回收状态时，操作控制器选择需要回收的支腿，按下"回收（抬升）"按钮直至支脚完全收回，另外三条支腿循环操作并完全收回；

（3）收回支腿垫板；

（4）解除四条支腿锁定，将支腿推至收存位置并锁定。

（三）A 型支腿支撑操作

A 型支腿类似 X 型支腿，具有结构简单、占用空间小、稳定性好等特点，广泛应用于绝缘斗臂车的支撑结构中，见图 2-14。

A 型支腿结构上仅有伸缩机构，操作较为便捷，其支撑操作如下：

（1）确认操作按钮是否为中位。

（2）在支腿支撑对应位置放置支腿垫板。

图 2-14　A 型支腿支撑

（3）长按支腿"支撑（下落）"按钮，直至支腿全部伸出，当车架达到水平状态且车轮离地后，松开按钮并操作至中位。

支腿回收操作：

（1）工作结束，上装处于完全回收状态时，长按"回收（抬升）"按钮，直至四条支腿完全收起后松开按钮。

（2）收回支腿垫板。

（四）车辆支撑操作注意事项

（1）严禁在支腿已垂直受力的情况下进行水平方向上的伸缩操作，严禁在支腿水平方向及垂直方向未完全收回的情况下移动车辆。

（2）车辆停放位置应留有支腿支撑所需的空间，确认支腿运动范围内没有任何阻碍其运动的物体。

（3）支腿的支撑位置应尽量选择既水平又坚固的位置，严禁将支腿支撑在松软土质、盖板、雨篦、涵管等不牢固或非承力构件上。在高低不平场地或支腿支撑处地基较软时，须在支腿垫板下垫放较大的木块。支腿垂直伸出时，确认支腿与垫板之间无杂物后再伸出支腿。

（4）当有支腿车辆在斜坡上调平时，高侧支腿单侧跨距会减小，作业稳定性变差，因此在调平过程中应尽量避免通过缩回较高侧的支腿进行调平。

（5）车辆可停放的最大路面坡度为车辆前后方向向上 5° 以内。

（6）支腿垂直支撑前必须按照对应位置放置好垫板或枕木，同时应使用阻轮块将车轮前后固定好，见图 2-15。

图 2-15　绝缘斗臂车停放时放置垫板

（7）重叠放置支腿垫板时数量不超过 2 块，厚度在 200mm 以内，重叠放置 2 块标准型垂直支腿垫板，为了避免垂直支腿垫板的金属面接触，防止支腿垫板滑动，两块垫板都要正面朝上，上面的垫板移动 45°。

（8）支撑过程中，应时刻观察横纵向水平仪，根据水平度倾斜情况调整各支腿的支撑幅度，以保证车辆整体不发生明显倾斜，见图 2-16、图 2-17。

图 2-16　绝缘斗臂车横纵向水平仪

（9）若操纵某一支腿单独动作，先扳动支腿定位操作杆定位支腿，再操作"伸出/收缩"操作杆即可实现。

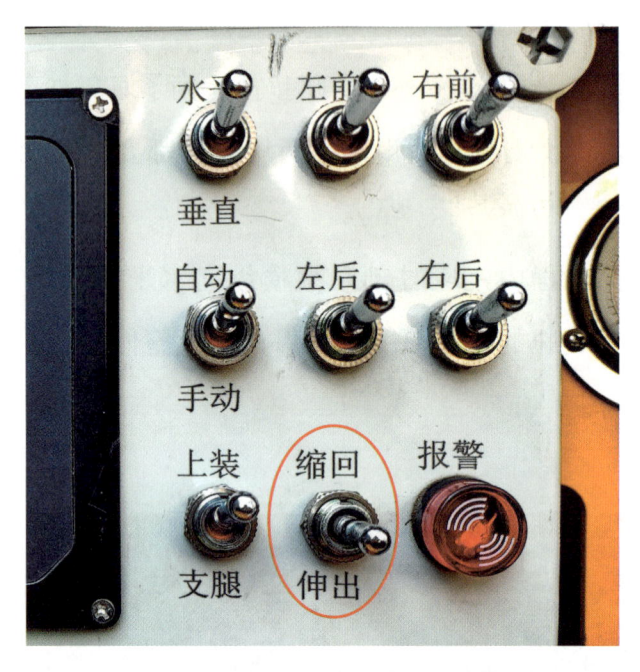

图 2-17　绝缘斗臂车支腿调平机构

（10）支腿操作中，操作单一支腿时速度快于操作多个支腿，应注意防止误伤周围人员。

（11）操作支腿前必须考虑到在斜坡上轮胎对车辆稳定性和地面摩擦力的影响，车辆在积雪路面停放时，必须先清除积雪，确认路面状况，采取防滑措施后再停放。

（12）支腿操作应在工作臂处于回收位置时进行，严禁未回收工作臂时操作支腿，否则将严重影响作业安全。

（13）支撑过程中，应时刻观察横向、纵向水平仪，根据水平度倾斜情况调整各支腿的横向、纵向幅度，以保证车辆整体的水平。

（14）支腿伸出后，需确认全部轮胎脱离地面，见图 2-18。

图 2-18　全部轮胎脱离地面

（15）为防止误动作，务必将操作装置的盖板合上，见图 2-19。

图 2-19　合上操作装置盖板

（五）常见故障分析与处理

1. 进行支腿操作时液压系统疲软无压力

（1）发动机未启动。排除方法：启动发动机，等待油压达到工作需要。

（2）未启动取力器。排除方法：启动取力器，等待油压达到工作需要。

（3）急停开关处于按下状态。排除方法：检查急停开关，旋转并松开急停开关。

（4）液压油渗漏、油管堵塞或油泵损坏。排除方法：周期性检查、保养车辆，及时补充液压油，及时检查并更换存在问题的油管、滤油器、密封件、油泵。

（5）"上、下车"切换开关切换异常。排除方法：检查"上、下车"切换开关闭锁阀锁止情况是否正常，异常时需更换。

2. 行驶状态支腿下沉或支腿伸出后自动缩回

（1）油缸内部泄露。排除方法：更换油缸密封件或排除其他内泄原因。

（2）管接头漏油。排除方法：拧紧液压油管接头或更换密封件。

（3）液压锁失效。排除方法：检修或更换液压锁。

3. 工作臂已脱离支架，支腿仍可动作

（1）工作臂支架处距离感应器误判。排除方法：擦拭或更换工作臂支架距离感应器。

（2）"上、下车"切换开关电磁阀应急处置后未复位。排除方法：

手动旋转复位"上、下车"切换开关电磁阀应急旋钮。

4. 支腿未支好时，工作臂仍可动作

（1）支腿检测开关卡死。排除方法：检修或更换支腿处检测开关。

（2）"上、下车"切换开关电磁阀应急处置后未复位。排除方法：手动旋转复位"上、下车"切换开关电磁阀应急旋钮。

5. 支腿支好后，工作臂不能动作

（1）"上、下车"切换开关电磁阀应急处置后未复位。排除方法：手动旋转复位"上、下车"切换开关电磁阀应急旋钮。

（2）急停开关处于按下状态。排除方法：检查急停开关，旋转并松开急停开关。

（3）支腿检测开关故障。排除方法：检修或更换支腿处检测开关。

6. 工作臂回收后，支腿不能动作

（1）"上、下车"切换开关电磁阀应急处置后未复位。排除方法：手动旋转复位"上、下车"切换开关电磁阀应急旋钮。

（2）急停开关处于按下状态。排除方法：检查急停开关，旋转并松开急停开关。

（3）工作臂支架检测开关未压实。排除方法：动作伸缩臂，压实臂支架检测开关。

四、车辆接地操作

在完成车辆支撑操作后，应及时完成车辆接地。接地方式分为通过线路接地装置接地和设置临时接地棒接地。

通过线路接地装置接地的操作方法：利用配电线路已设置好的接地系统，将车载接地引下线全部拉出，可靠固定在其接地扁铁或其他裸露部件上。

通过设置临时接地棒接地的操作方法：在车辆附近无接地系统的情况下，使用临时接地棒插进地面以下足够深度（不小于40cm），将车载接地引下线全部拉出并固定在临时接地棒上，见图2-20。

图2-20 临时接地棒接地

注意事项：

（1）接地线应使用截面不小于16mm^{2}的多股软铜线，外层套有透明塑料护套。

（2）接地时，接地装置上卷绕的接地线应完全展放在地面上，无缠绕、无叠压、无扭结，切记不得盘绕。

（3）接地线要定期检查，确保无断线。

(4) 装设接地线的固定或临时接地极（桩）应无松动、断裂、脱焊及严重锈蚀情况，接地极（桩）有效埋深不小于 40cm。

五、接通绝缘臂操作电源

根据绝缘斗臂车闭锁设置，在完成车辆支撑及接地操作后，还需要将车辆操作由车辆下装切换至车辆上装才能正式操作上装并开展工作。其操作步骤如下：

（1）将车辆"上、下车"切换开关（一般设置在车辆支腿操作处）操作至"上车/上装"挡位，见图 2-21。

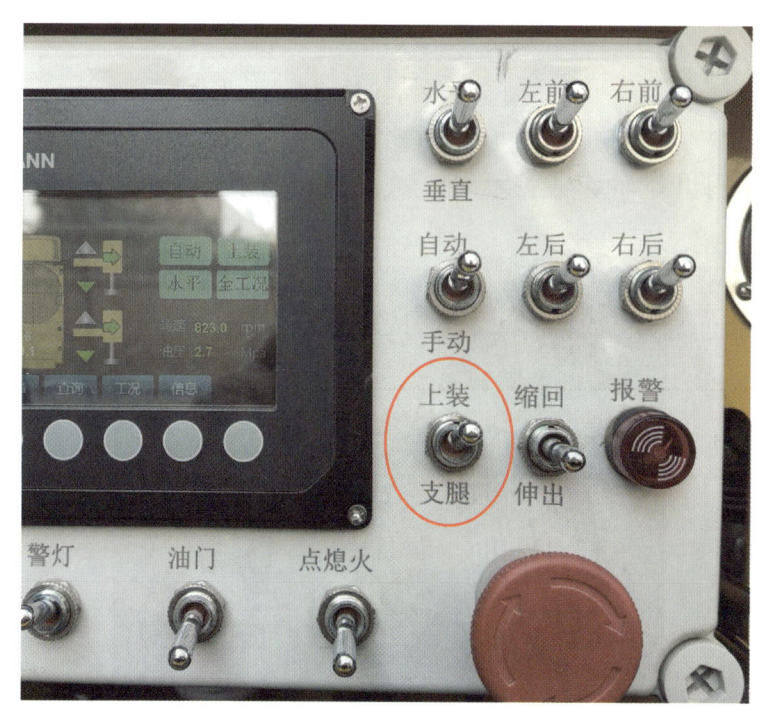

图 2-21 开关操作至"上装"

（2）检查累计工作时间小时表是否有显示。若有，则表示电源已切换至车辆上装，见图2-22。

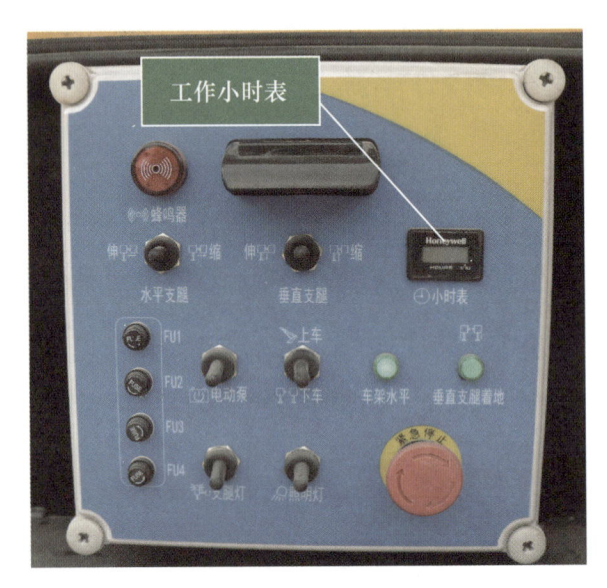

图2-22　工作小时表

（3）打开车辆作业警示灯，关闭操作盖板，见图2-23。

图2-23　车辆作业警示灯

注意事项：

（1）转换车辆驱动力及接通绝缘臂操作电源前，应将车辆可靠制动，避免在作业时车辆因突发状况造成溜车。

（2）务必检查并确认累计工作时间小时表的显示是否正常。若显示异常，应及时查找原因，并将故障排除在作业前。

第三章
绝缘斗臂车上装操作

考虑到安全救援需要,绝缘斗臂车一般设两套操控系统,一套安装在转台处,另一套安装在绝缘斗内。绝缘斗臂车的上装通常为进口上装,美国产(阿尔泰克、时代等)上装通常为混合臂式和折叠臂式,日本产上装通常为伸缩臂式。以下混合臂的操作以美国产上装的操作为例,伸缩臂的操作以日本产的上装为例,折叠臂式上装的操作方法与混合臂式上装基本一致,相关内容可参考混合臂式上装的操作,以下不再展开介绍。

第一节 上装部分介绍

绝缘斗臂车上装部分的作用是通过工作臂的抬升、转台及绝缘斗的旋转将工作人员举升至作业位置,为作业人员提供有效的绝缘保障,协助作业人员提升重物。上装部分一般包括转台、工作臂、绝缘斗、吊臂等结构。

1. 转台

转台位于上装与下装的连接处，为上装提供顺时针和逆时针的旋转功能，见图 3-1。

图 3-1 转台

2. 工作臂

工作臂与转台结构相连，通过操作工作臂，可将斗内工作人员举升至作业位置。按照结构形式，可分为伸缩式、折叠式及混合式三种。其中：伸缩臂式分为外金属臂和内绝缘臂结构；折叠臂式分为上、下两段绝缘臂结构；混合臂式是伸缩臂式和折叠臂式两种形式的结合，下臂为金属臂，上臂分为外金属臂和内绝缘臂，结合了伸缩臂与折叠臂的优势，是目前最为常见的工作臂，见图 3-2。

图 3-2 混合臂式工作臂

3. 绝缘斗

绝缘斗是作业人员在空中作业时的作业场所，位于上装结构的末端，包括玻璃钢外斗和聚乙烯内斗，具有一定承载能力。其外斗机械强度较好，具有较高的沿面绝缘强度；内斗具有较高的层向绝缘（防击穿）强度，不同车型的绝缘斗见图 3-3。

第三章 绝缘斗臂车上装操作

图 3-3 绝缘斗

4. 吊臂

吊臂机构位于工作臂与绝缘斗之间，是用于提升、吊运物体，主要包括吊钩、滑轮、绝缘绳、吊臂和卷扬机等部件。吊臂虽有部分绝缘罩包裹，但因其材质主要为金属，故应视为非绝缘部件，见图3-4。

图 3-4　吊臂

第二节　转台（操作台）操控系统操作

在转台处的操作通常为作业开始前的空斗试验、工作中的辅助操作和出现紧急情况下的应急救援。

第三章 绝缘斗臂车上装操作

因各厂家车型设置不同,部分车型转台处设置专用操作位,部分车型仅设操作装置,未设操作位。当有操作位的车辆作业时,应设专人坐在操作位上,观察作业人员状态,做好随时应急救援或辅助操作的准备,见图3-5。

图3-5 不同车型的转台(操作台)操控系统

（一）使用转台操控系统操作混合臂式上装

1. 上工作臂的操作控制

（1）抬升与下降。将操作手柄扳至"下控制"或"转台"状态，同时将"上臂升/降"操作手柄扳至"升"，上臂即可上升；同时将"上臂升/降"操作手柄扳至"降"，上臂即可下降，见图 3-6。

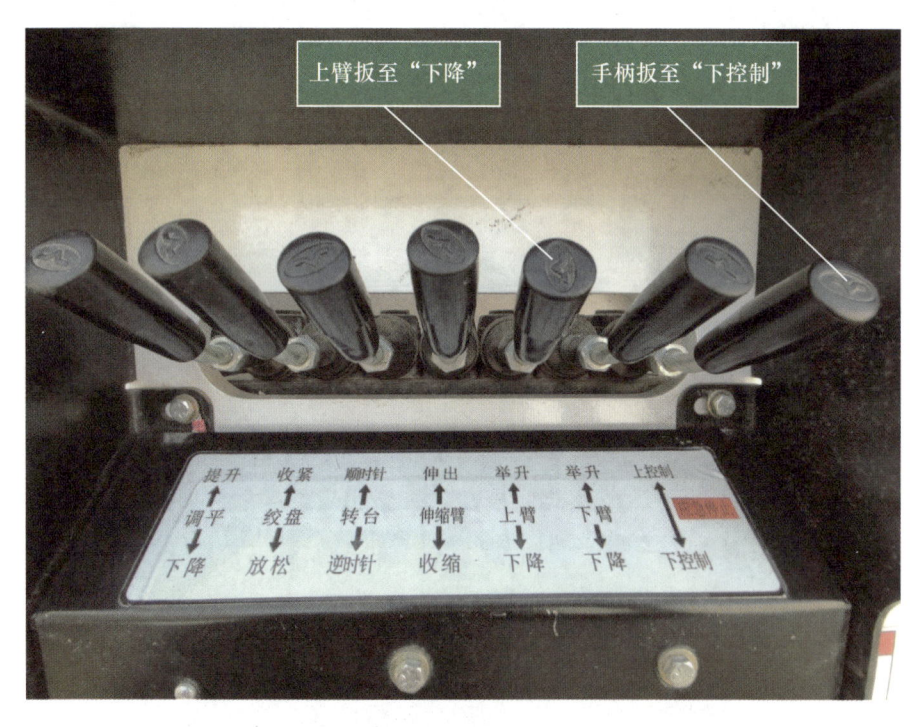

图 3-6 转台处上工作臂的操作控制

（2）伸缩。将操作手柄扳至"下控制"或"转台"状态，将绝缘臂"伸缩"操作手柄扳至"伸"，绝缘臂伸出，将绝缘臂"伸缩"操作手柄扳至"缩"，绝缘臂缩回，见图 3-7。

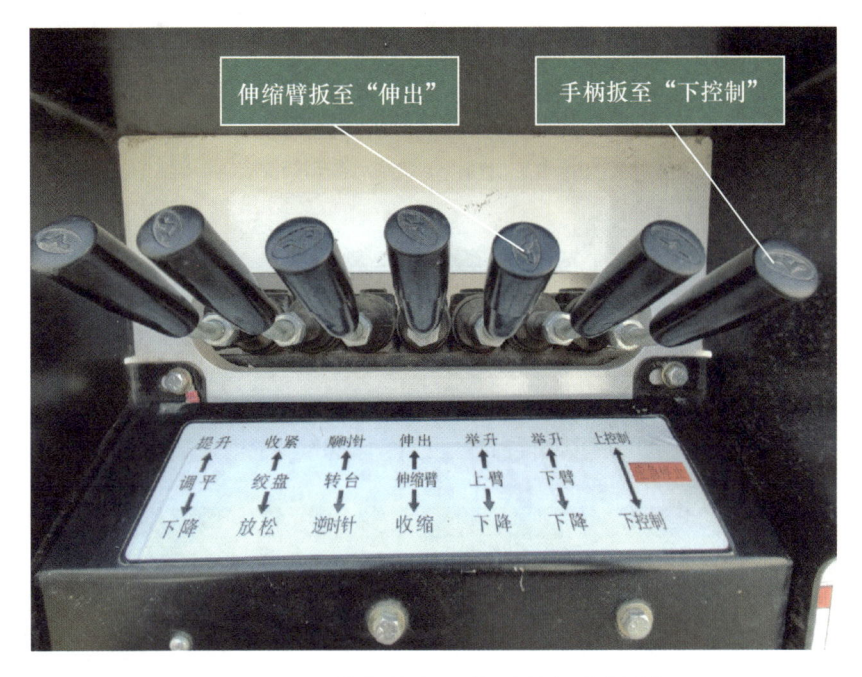

图 3-7　转台处上工作臂的操作控制

2. 下工作臂的操作

（1）抬升与下降。将操作手柄扳至"下控制"或"转台"状态，同时将"下臂升降"操作手柄扳至"升"，下臂即可上升；同时将"下臂升降"操作手柄扳至"降"，下臂即可下降，见图 3-8。

（2）回转。将操作手柄扳至"下控制"或"转台"状态，同时将转台"旋转（转台）"操作手柄扳至"顺转"，转台即可顺时针回转；同时将转台"旋转（转台）"操作手柄扳至"逆转"，转台即可逆时针回转，见图 3-9。

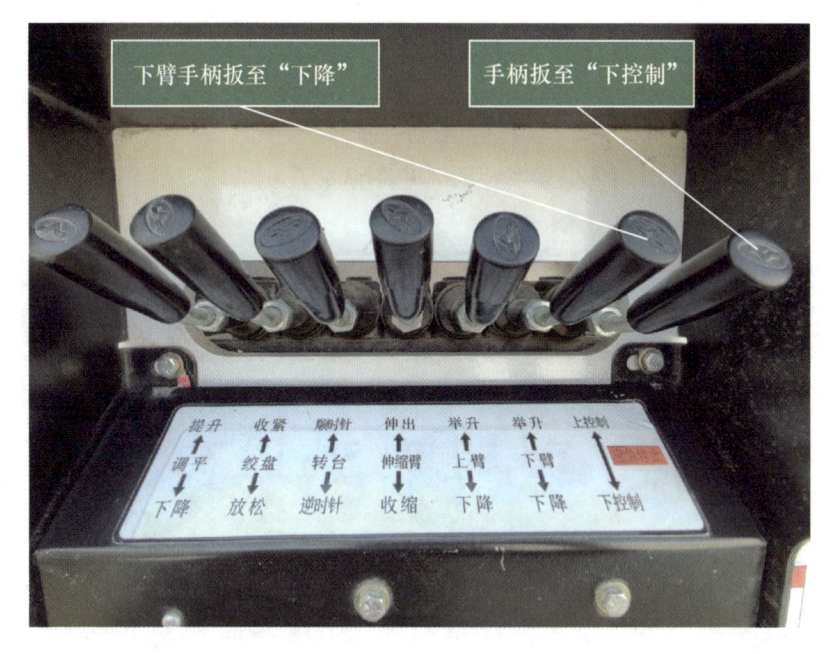

图 3-8 转台处下工作臂的操作控制

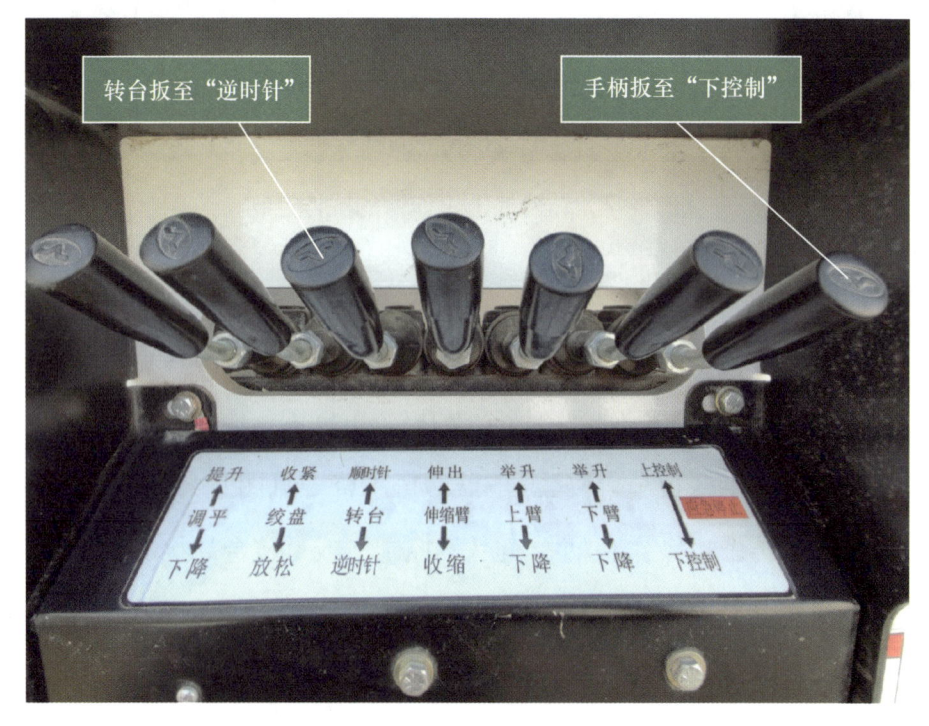

图 3-9 转台处的回转操作控制

3. 绝缘斗的操作

转台处可进行绝缘斗的调平（纵向旋转）操作，方法如下：

将操作手柄扳至"下控制"或"转台"状态，同时将绝缘斗（平台）"调平"操作手柄扳至"前倾"，绝缘斗即向车辆外侧旋转；同时将绝缘斗（平台）"调平"操作手柄扳至"后倾"，绝缘斗即向车辆内侧旋转，见图 3-10。

图 3-10　转台处绝缘斗的调平操作

4. 吊臂的操作

转台处可进行吊绳的升、降操作，方法如下：

将操作手柄扳至"下控制"或"转台"状态，同时将吊钩（绞盘）操作手柄扳至"下降（放松）"，吊绳即下放；同时将吊钩（绞盘）操作手柄扳至"起升（收紧）"，吊绳即收起，见图3-11。

图3-11 转台处吊臂的操作控制

5. 拐臂的回转操作（如有）

一般设有拐臂的车辆，电控化程度较高，通常采用电子拨动开关的形式。

拨动开关处于中位时为关闭状态，拨动至"顺时针"方位时，拐臂即可顺时针旋转；拨动至"逆时针"方位时，拐臂即可逆时针旋转。

第三章 绝缘斗臂车上装操作

（二）使用转台（操作台）操控系统操作伸缩臂式上装

早期保有量高的伸缩臂式绝缘斗臂车因其操作简便，车体轻巧，受到市场的长期青睐，其在转台（操作台）处可进行的上装操作仅限工作臂的操作。近年来，随着伸缩臂式绝缘斗臂车的更新、换代，在转台（操作台）处可实现操作的功能也越来越丰富。

1. 工作臂的操作

（1）抬升与下降。将"起伏"开关扳至"上/变幅起"位置，工作臂即可升起；"起伏"开关扳至"下/变幅落"位置，工作臂即可下降。

（2）伸缩。将"伸缩"开关扳至"伸"位置，工作臂即可伸出；将"伸缩"开关扳至"缩"位置，工作臂即可缩回。

（3）回转。将"回转（或旋回）"开关扳至"顺时针"位置，工作臂即可顺时针旋转；将"回转（或旋回）"开关扳至"逆时针"位置，工作臂即可逆时针旋转，见图3-12。

图3-12 转台处工作臂的操作控制

2. 绝缘斗的操作

将绝缘斗回转拨动开关拨至"顺时针"位置，绝缘斗即可顺时针旋转；将绝缘斗回转拨动开关拨至"逆时针"位置，绝缘斗即可逆时针旋转。绝缘斗的回转范围为180°，见图3-13。

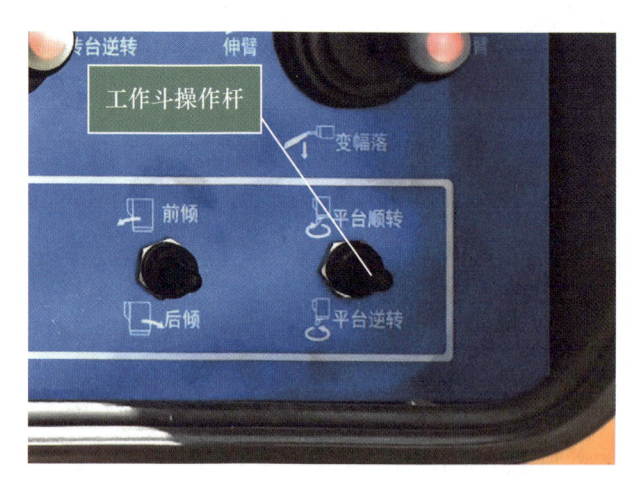

图3-13 转台处绝缘斗的操作控制

3. 拐臂的操作

拐臂的操作分为水平回转和调平两个维度。

将拐臂回转拨动开关拨至"顺时针"位置，拐臂即可顺时针旋转；将拐臂回转拨动开关拨至"逆时针"位置，拐臂即可逆时针旋转。拐臂最小回转范围为±100°。

将拐臂调平拨动开关拨至"上扬"位置，拐臂即可上扬；将拐臂调平拨动开关拨至"下垂"位置，拐臂即可下垂。拐臂的调平范围为0~100°，见图3-14。

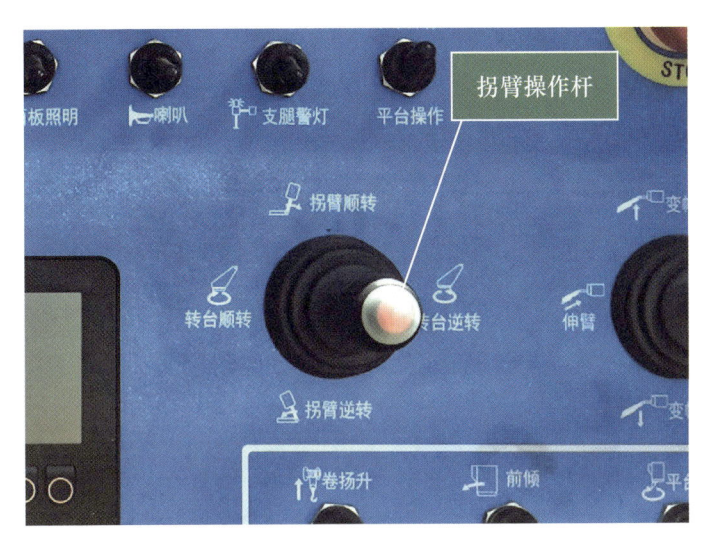

图 3-14 转台处拐臂的操作控制

4. 吊臂的操作

在转台（操作台）处，仅可进行吊绳的收、放操作。

将吊臂卷扬机的"收/放"拨动开关拨至"放"位置，吊绳即可垂放；将吊臂卷扬机的"收/放"拨动开关拨至"收"位置，吊绳即可上收，见图 3-15。

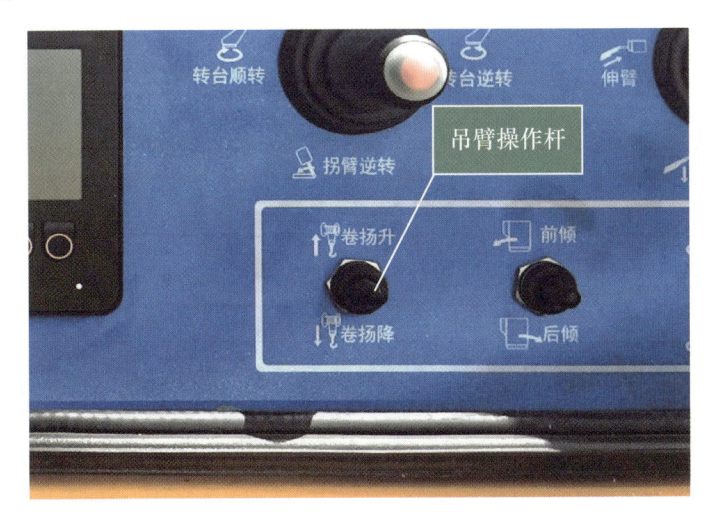

图 3-15 转台处吊臂的操作控制

(三) 使用转台操控系统操作折叠臂式上装

由于折叠臂式绝缘斗臂车市场保有量不大,且操作方式较混合臂式绝缘斗臂车相近,因此,使用转台操控系统操作折叠臂式上装的操作方法请参考混合臂式绝缘斗臂车的相关内容。

第三节 绝缘斗内操控系统操作

绝缘斗内操控系统的操作范围可涵盖绝缘斗臂车上装的所有机构。使用绝缘斗内操控系统操作绝缘斗臂车上装即代表现场工作已完成前期准备,进入作业状态,按照工作顺序,分为操作前准备和斗内操作两部分。其中,斗内操作将根据绝缘臂的形式进行讲解,见图3-16。

图3-16 不同车型的绝缘斗内操控系统(一)

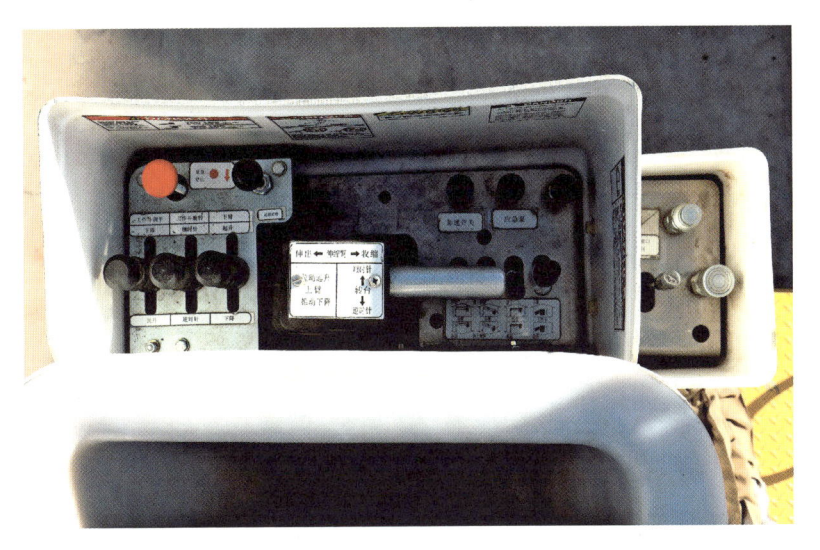

图 3-16　不同车型的绝缘斗内操控系统（二）

（一）作业前准备

1. 绝缘斗清洁

操作前进行绝缘斗清洁是保障绝缘斗绝缘性能的重要措施。其方法为：使用干燥、清洁的毛巾或软棉布，对绝缘斗臂车的绝缘臂、具有一定绝缘性能的上部绝缘罩壳、绝缘斗外部沿面进行擦拭，以清除表面灰尘、水渍、油泥等污垢。

2. 空斗试验

空斗试验是现场工作正式开始前，由工作班成员在转台处对绝缘斗臂车上装部分各项功能进行的一项验证性试验。目的是在作业前，通过对绝缘斗臂车上装各项功能的试操作，消除因机械故障引起的安全风险，确保在辅助和应急情况下可顺利完成操作。

试验方法为：工作正式开始前（作业人员未进入绝缘斗时），

工作班成员在绝缘斗臂车转台（操作台）操作面板处，依次将上述各项功能的操作手柄在预定工作位置进行一次试操作，确认上装各位置的液压传动、回转、升降、伸缩系统工作正常、操作灵活、制动可靠。如有异常，应立即与生产厂家取得联系，及时消除故障。

空斗试验结束，确认可以正常工作时，将转台（操作台）操作按钮拨至"上控制"或"平台"位置，见图3-17。

图3-17 空斗试验

3. 安全带挂接（人员进入）

作业人员进入绝缘斗之前，必须在地面上穿戴妥当绝缘安全帽、绝缘靴、绝缘服、绝缘手套及外层防刺穿手套等，并由现场安全监护人员进行检查，见图3-18。

第三章 绝缘斗臂车上装操作

图 3-18 作业人员穿戴检查

作业人员进入绝缘斗后,应将安全带挂于车辆预设的专用扣环中。安全带使用前应检查安全带扣环、吊带是否损伤,纺织部位是否有磨损、老化现象,并做冲击试验。安全带挂好后应检查并确认挂接情况牢固,锁扣闭合,见图 3-19。

图 3-19 安全带挂于车辆专用扣环

（二）使用绝缘斗内操控系统操作混合臂式上装

1. 上臂的操作

（1）抬升与下降。

1）操作方法 1：操作时，将操作手柄捏合开关闭合，按照手柄指示方向，向上提升操作手柄，上臂即可上升；向下按压操作手柄，上臂即可下降。

2）操作方法 2：操作时，按照手柄指示方向，向上提升操作手柄，同时闭合操作手柄捏合开关，上臂即可上升；向下按压操作手柄，同时闭合操作手柄捏合开关，上臂即可下降。

（2）伸缩。

1）操作方法 1：将操作手柄捏合开关闭合，按照手柄指示方向，向左推动操作手柄，上臂即可伸出；向右推动操作手柄，上臂即可缩回。

2）操作方法 2：按照手柄指示方向，向左推动操作手柄，同时将操作手柄捏合开关闭合，上臂即可伸出；向右推动操作手柄，同时将操作手柄捏合开关闭合，上臂即可缩回，见图 3-20。

2. 下臂的操作

（1）抬升与下降。现有车型中，下臂的抬升与下降操作分为操作手柄旋转式及独立控制杆式。

1）操作手柄旋转式的操作方法：

a）操作方法 1：

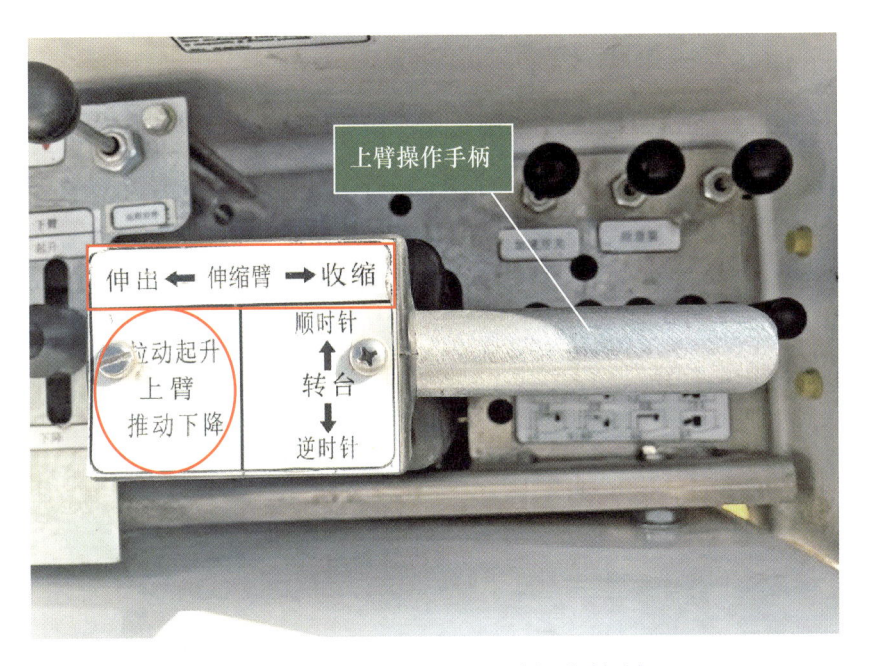

图 3-20　绝缘斗内上臂操作控制

将操作手柄捏合开关闭合，按照手柄旋转指示，顺时针旋转操作手柄，下臂即可抬升；逆时针旋转操作手柄，下臂即可下降。

b）操作方法 2：

按照手柄旋转指示，顺时针旋转操作手柄，同时将操作手柄捏合开关闭合，下臂即可抬升；逆时针旋转操作手柄，同时将操作手柄捏合开关闭合，下臂即可下降。

2）独立控制杆式：

a）操作方法 1：

两指勾起并闭合控制阀，向前推动控制杆，下臂即可抬升；两指勾起并闭合控制阀，向后推动控制杆，下臂即可下降。

b）操作方法2：

向前推动控制杆，同时用两指勾起并闭合控制阀，下臂即可抬升；向后推动控制杆，同时用两指勾起并闭合控制阀，下臂即可下降。

抬升操作时，将操作手柄开关闭合，按照手柄指示方向操作手柄，使下臂上升，见图3-21。

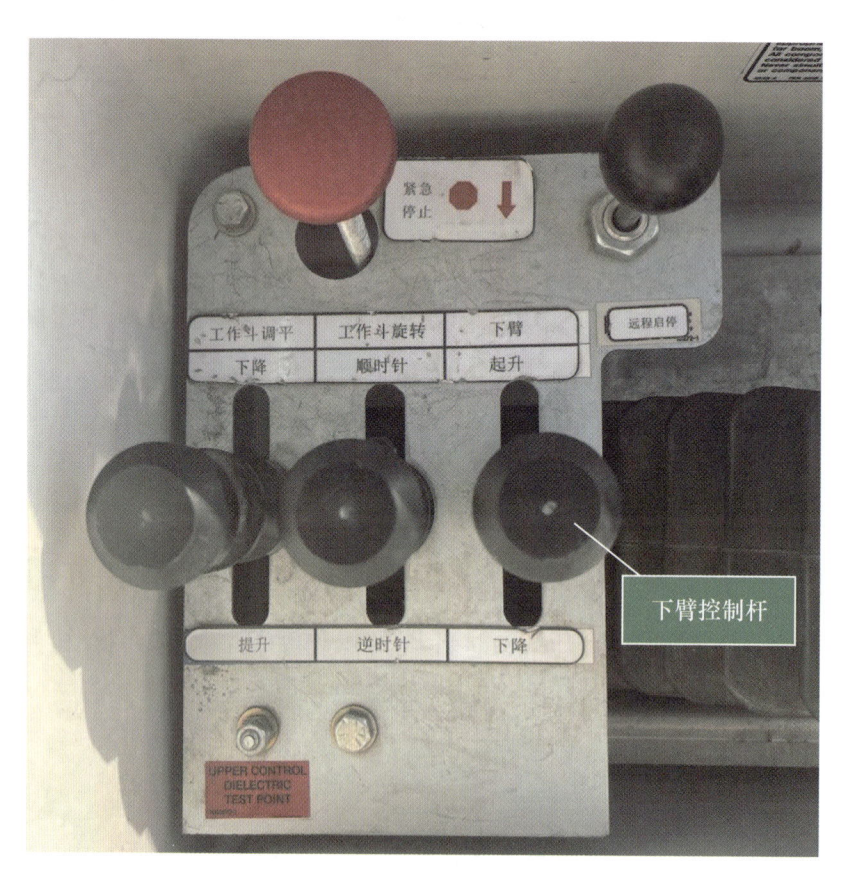

图3-21 绝缘斗内下臂操作控制

(2) 回转。

1) 操作方法 1：操作时，将操作手柄捏合开关闭合，按照手柄指示方向，向前推动操作手柄，转台即可顺时针转动；向后推动操作手柄，转台即可逆时针转动。

2) 操作方法 2：操作时，按照手柄指示方向，向前推动操作手柄，同时将操作手柄捏合开关闭合，转台即可顺时针转动；向后推动操作手柄，同时将操作手柄捏合开关闭合，转台即可逆时针转动。

回转操作时，回转角度不受限制可做 360°全回转，见图 3-22。

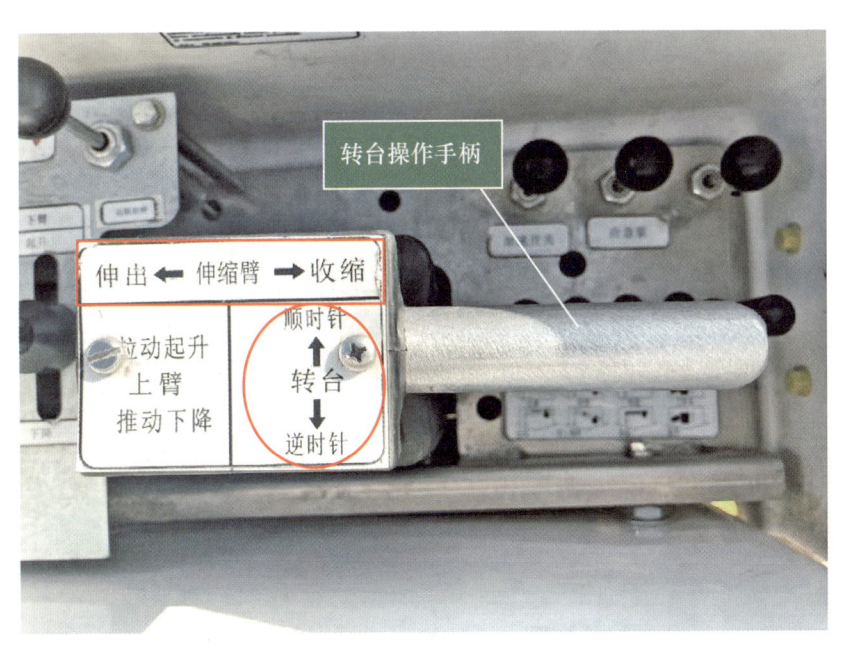

图 3-22　绝缘斗内转台回转操作控制

3. 绝缘斗的操作

绝缘斗的回转、升降、调平操作通常由独立的操作杆完成,均按照有无控制阀进行分类。

(1) 回转。操作时,两指勾起并闭合控制阀(如有),并向前推动操作杆,绝缘斗顺时针旋转;向后推动操作杆,绝缘斗逆时针旋转。回转角度一般为180°,见图3-23。

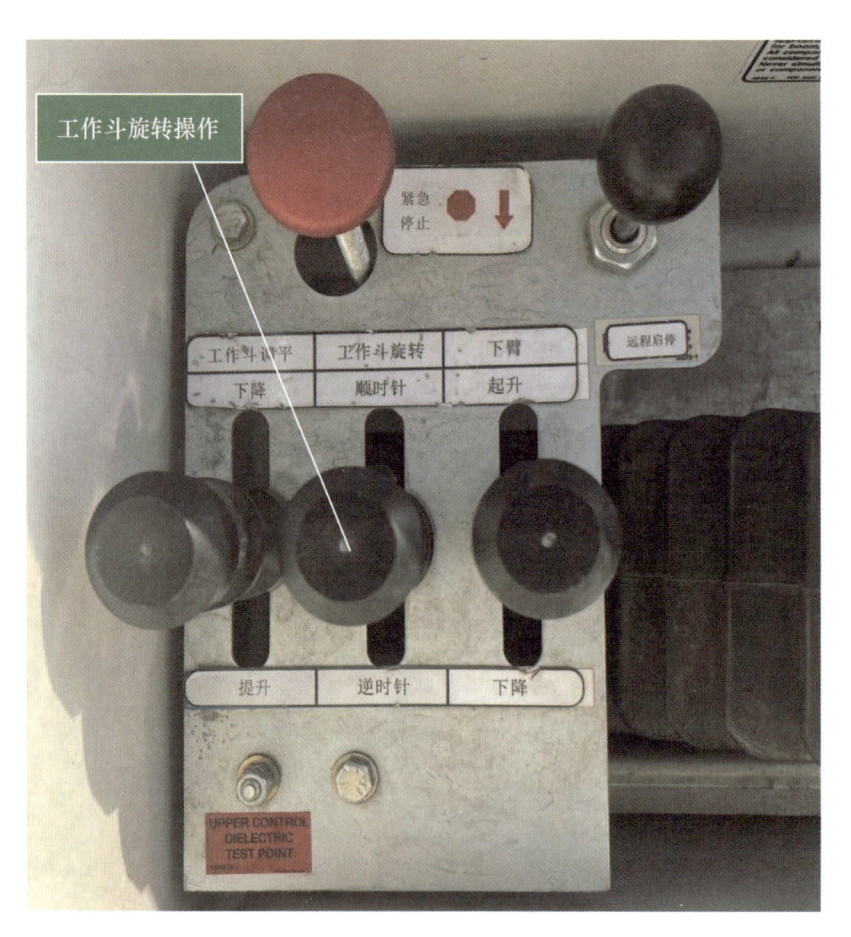

图3-23 绝缘斗内工作斗的旋转操作控制

（2）升降。操作时，两指勾起并闭合控制阀（如有），并向前推动操作杆，绝缘斗即可下降；向后推动操作杆，绝缘斗即可上升。绝缘斗升降幅度为 0.6m，见图 3-24。

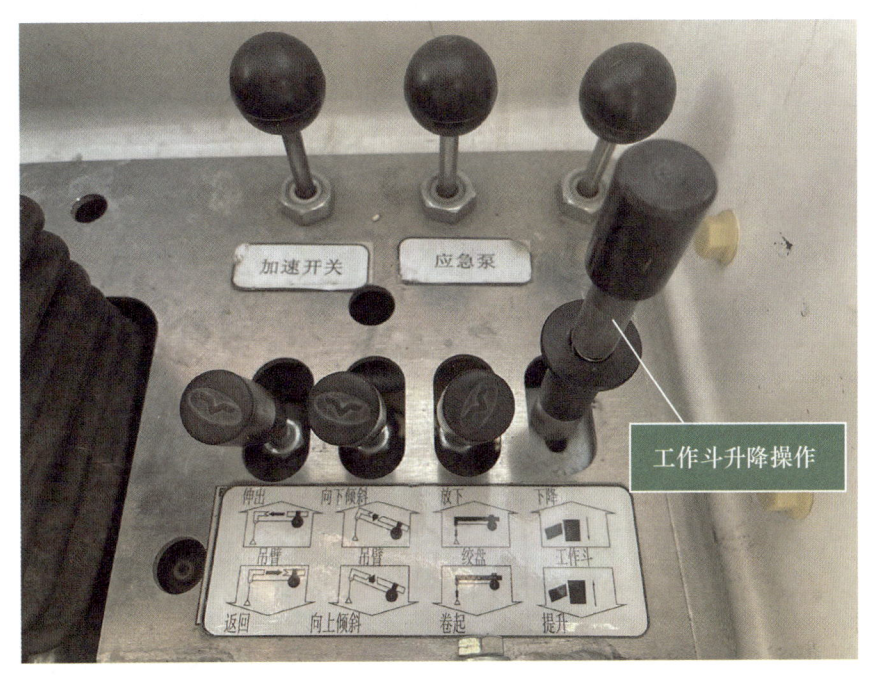

图 3-24　绝缘斗内工作斗的升降操作控制

（3）调平。由于人员以及工具重量的影响，可能会出现绝缘斗稍微倾斜现象，可通过调平控制功能调平绝缘斗。

操作时，两指勾起并闭合控制阀（如有），并向前推动操作杆，绝缘斗顺时针向下旋转；向后推动操作杆，绝缘斗逆时针向上旋转。绝缘斗的调平范围为 360°，见图 3-25。

4. 拐臂的操作（如有）

拐臂的回转、调平操作类似于绝缘斗的回转、调平操作，相关操作参考上述绝缘斗的操作。

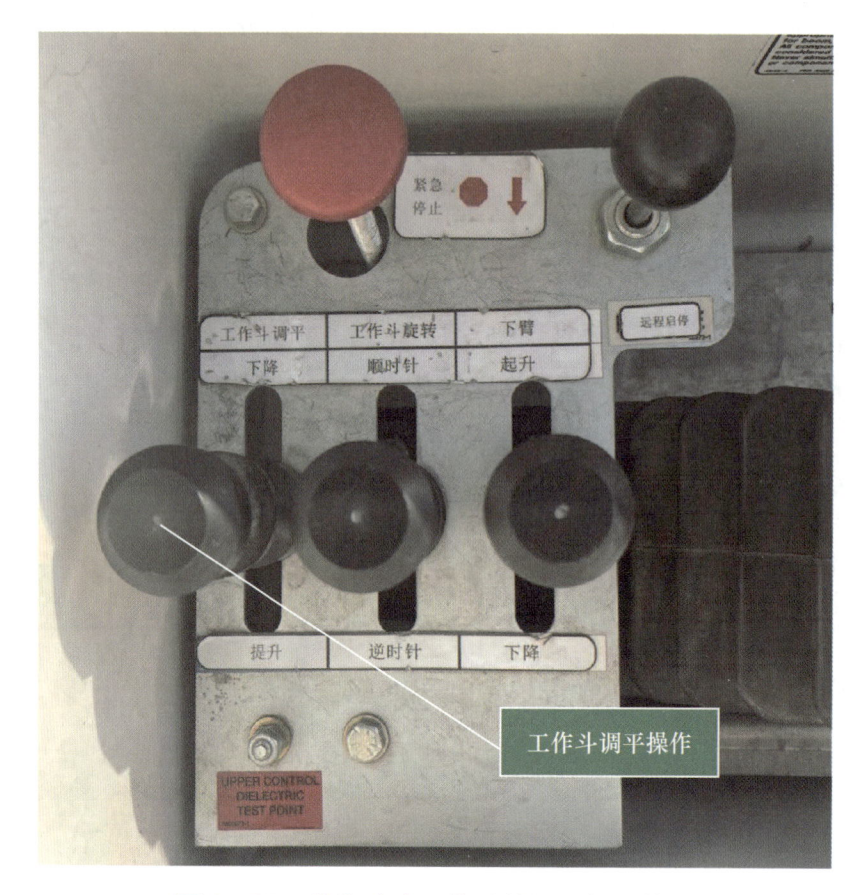

图 3-25　绝缘斗内工作斗的调平操作控制

5. 吊臂的操作

（1）吊臂的安装与拆除。因吊臂自重较大，其安装需多人配合。对准并插入绝缘斗与工作臂间的安装支座，随后将吊臂控制液压油路管线与工作臂或绝缘斗处的预留液压油路管线接通即可。吊臂拆除方式与安装方式相反，拆除后要将各油管快插接口套好防尘罩。

第三章　绝缘斗臂车上装操作

（2）吊臂的回转。绝缘斗臂车吊臂的回转分为手动操作和电动操作。手动操作是将回转底座的定位销拔出，手动调整吊臂至适当位置，将定位销插入。电动操作则由独立的操作杆完成，操作方式参考上述操作杆的操作方式。

（3）吊臂的伸缩、俯仰与吊绳的升降。吊臂的伸缩、俯仰与吊绳的升降操作均通过独立的操作杆完成，相关操作可参考上述独立操作杆操作方式，见图 3-26。

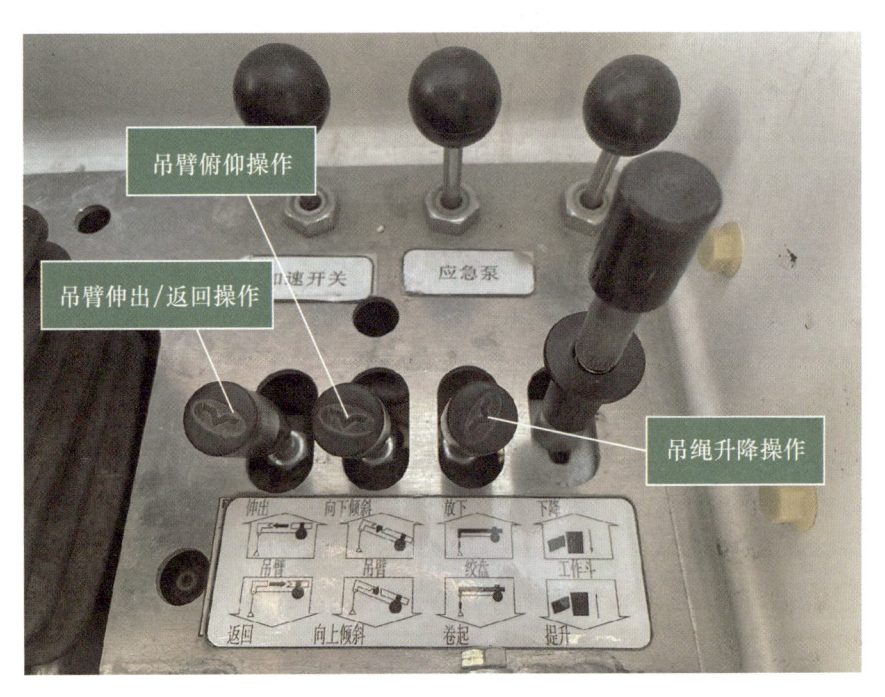

图 3-26　绝缘斗内吊臂操作控制

吊臂的俯仰角度一般为 0°～90°（某些绝缘斗臂车绝缘小吊需手动调节吊臂角度），扬起角度越大，起吊的重量就越大，见表 3-1 和图 3-27。

表 3-1　　　　　　　　吊臂起吊载荷表

吊臂角度	最大起吊载荷 kg	
0°~30°	200	
30°~45°	270	
45°~90°	490（斗载≤100kg）	与斗载合计 550kg（斗载＞100kg）

图 3-27　手动多级调节绝缘小吊装置

6. 其他操作

（1）液压多功能接口。为方便作业，实现更多功能，绝缘斗臂车的绝缘斗内还带有液压多功能接口，接口分为液压输出口和液压返回口，将工具的对应接口与其相连即可获得相关动力开展工作，如树枝修剪、金具打孔、螺帽破拆等，见图 3-28。

图 3-28　绝缘斗内液压多功能接口

接入多功能液压接口的工具，在锁闭液压接口后，可通过将"启/停"操作杆推至"启"位或"停"位来控制多功能液压油路的开与关。液压动力不足时可通过"加速"开关实现液压动力的调整，见图 3-29。

液压工具拆除前，应先将液压"启、停"操作杆推至"停"位，关闭多功能液压油路，再使用几次液压工器具（通过液压工具本体上的开关实现），释放液压油路压力，最后解锁并拔出多功能液压接口，及时擦拭接口装好防尘罩。

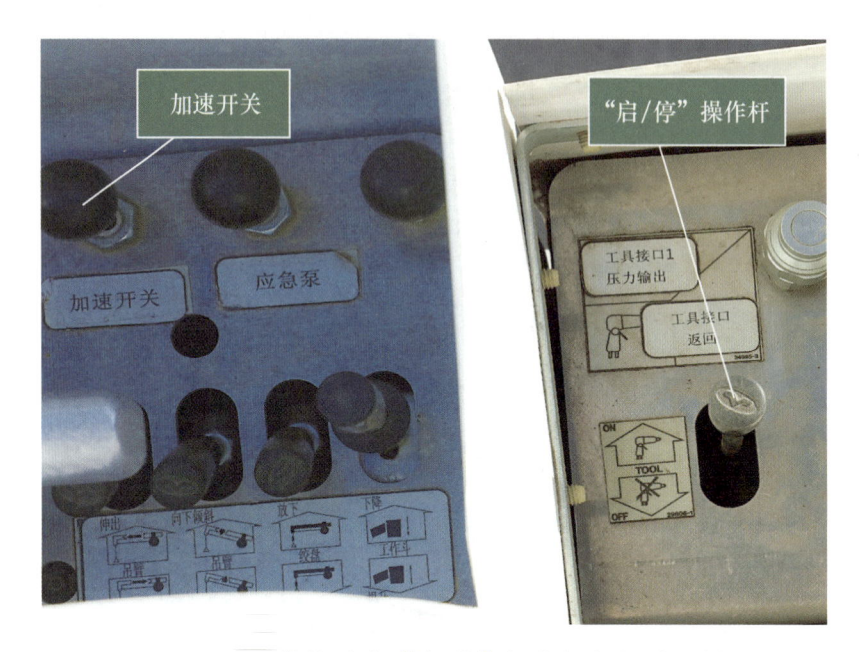

图 3-29　绝缘斗内"启/停"操作杆与加速开关

（2）应急操作。

1）应急动力系统。通常，绝缘斗臂车具有第二套动力系统确保发动机故障时作业装置能够可靠归位。应急动力系统有手动泵、电动泵或其他动力泵等多种形式，目前大部分车辆配备直流电动泵应急动力系统。其原理是当车辆发动机或液压泵出现故障时，直流泵通过车辆蓄电池供电，作为备用液压动力源，实现车辆回收。

应急动力系统是通过绝缘斗内或转台（操作台）处的"应急开关"或"应急泵开关"实现的。启动应急动力系统后，绝缘斗臂车各部的操作与启动前无异，但每次持续操作的时间应小于 30s，避免在持续使用时造成车辆底盘内的直流电池电压降低，从而无力支撑应急动力系统的操作，见图 3-30 和图 3-31。

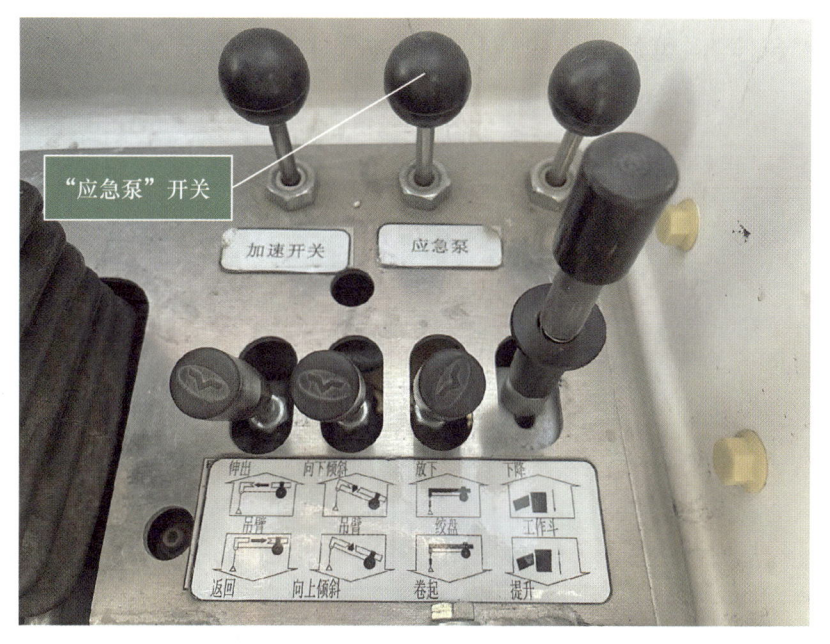

图 3-30 绝缘斗内"应急泵"开关

图 3-31 转台处"应急泵"开关

2）急停操作。此外，在车辆操作出现故障或遭遇危险时，可通过按压"急停"控制开关实现车辆控制系统的断电，使车辆处于静止。

解除"急停",可通过旋出或拔出的方式实现,见图 3-32。

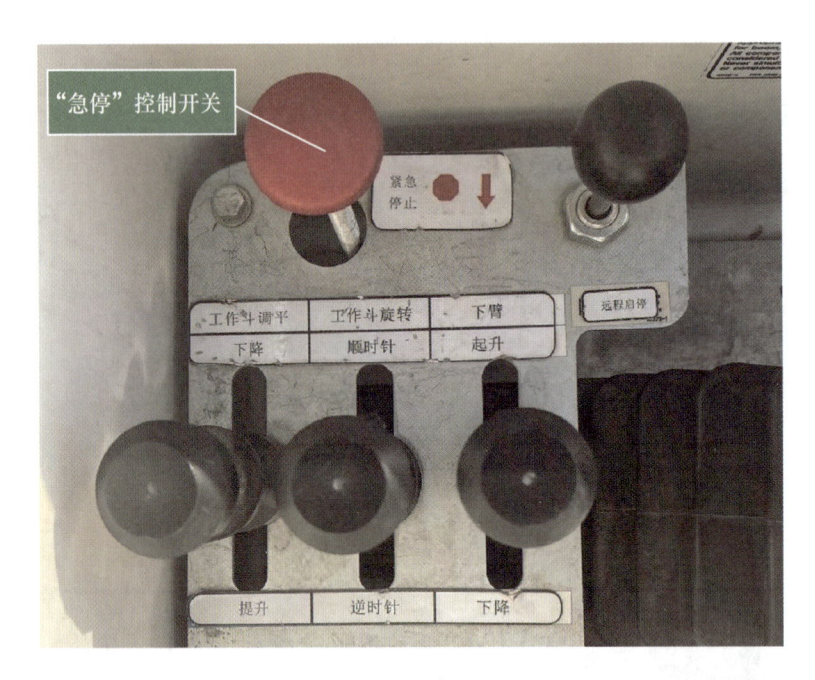

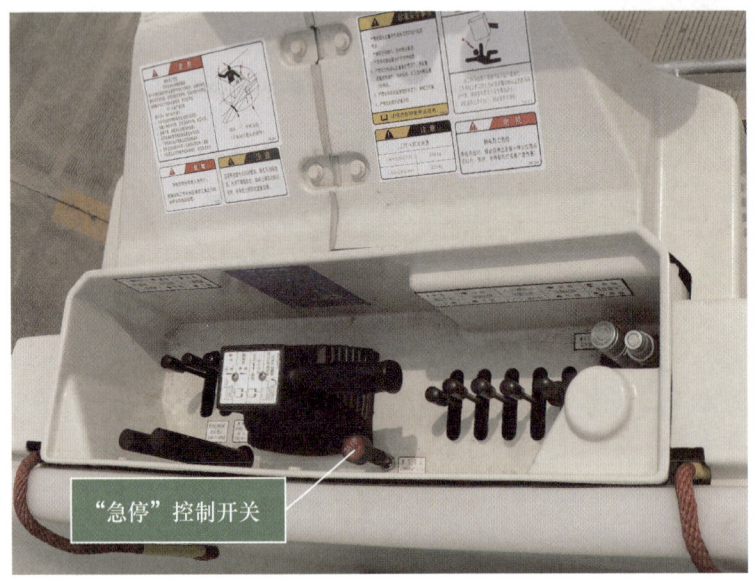

图 3-32 绝缘斗内"急停"操作控制

（三）使用绝缘斗内操控系统操作伸缩臂式上装

伸缩臂式绝缘斗臂车多采用电控操作系统，操作方式上较液压手柄简单、省力。

1. 工作臂的操作

（1）抬升和下降。操作时，选择工作臂操作手柄，向上扳至"升起"位置，绝缘臂升起；向下扳至"下降"位置，绝缘臂下降。

（2）伸缩。操作时，选择工作臂操作手柄，向左扳至"伸出"位置，绝缘臂伸出；向右扳至"缩回"位置，绝缘臂缩回。

（3）回转。操作时，选择工作臂操作手柄，顺时针旋转操作手柄，转台顺时针转动；逆时针旋转操作手柄，转台逆时针转动，见图3-33。

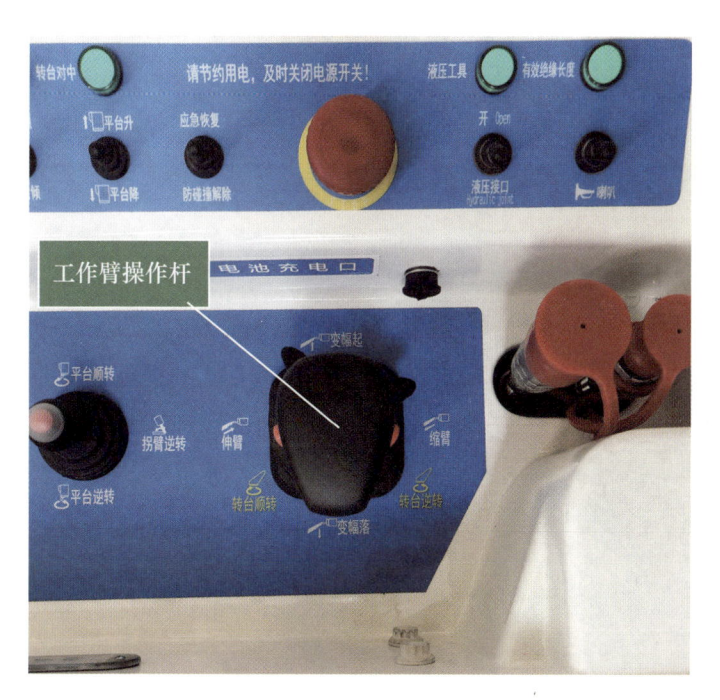

图3-33 绝缘斗内工作臂操作控制

2. 绝缘斗操作（包含小拐臂）

伸缩臂式绝缘斗臂车绝缘斗与工作臂之间由拐臂相连，其绝缘斗的回转较混合臂式绝缘斗臂车优势明显。此处，将拐臂的操作与绝缘斗操作放入同一小节内讲解。

（1）绝缘斗回转。选择绝缘斗操作手柄，向上扳至"左旋转"，绝缘斗即可逆时针旋转；向下扳至"右旋转"，绝缘斗即可顺时针旋转。

（2）拐臂回转。拐臂的加入，可有效增加绝缘斗的水平伸出距离，增大绝缘斗的作业范围。选择绝缘斗操作手柄，向左扳至"顺时针"旋转，拐臂即可顺时针旋转；向右扳至"逆时针"旋转，拐臂即可逆时针旋转。

（3）升降。选择"绝缘斗升降"操作开关，向上扳至"上升"位置，绝缘斗即可上升；向下扳至"下降"位置，绝缘斗即可下降。绝缘斗的升降幅度为 0.6m，见图 3–34。

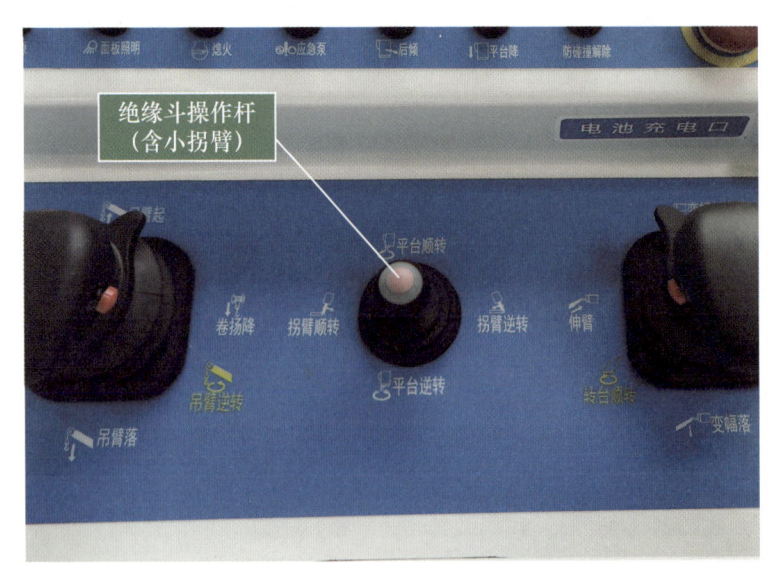

图 3–34 绝缘斗内工作斗操作控制

3. 吊臂操作

（1）吊臂安装。伸缩臂式绝缘斗臂车的吊臂通常为手动安装结构，需要作业人员将吊臂杆装入卷扬结构中。完成后，可通过绝缘斗内的吊臂（卷扬）操作手柄实现对吊臂的控制。

（2）吊绳收放。选择卷扬机操作手柄，向上扳至"下放"位置，卷扬机即可放出吊绳；向下扳至"收回"位置，卷扬机即可上收吊绳。若吊臂杆为手动安装结构，则在吊臂安装前需适当放松吊绳，并将吊绳安装至吊臂滑轮内。

（3）吊臂抬升、下降。选择吊臂操作手柄，向上扳至"下降"位置，吊臂即可下降；向下扳至"上升"位置，吊臂即可抬升。

（4）吊臂回转。选择吊臂操作手柄，向左扳至"逆时针"位置，吊臂即可逆时针旋转；向右扳至"顺时针"位置，吊臂即可顺时针旋转。

（5）吊臂伸缩。通常吊臂的伸缩为手动结构，即打开伸缩锁定销，手动伸缩吊臂，调整好位置后，插入锁定销，即完成吊臂的伸缩调整。在吊臂杆安装绝缘横担时，吊臂向下呈90°，与吊绳锁定后，通过卷扬机收、放吊绳即可实现对绝缘横担及吊臂杆的升降操作，见图3-35。

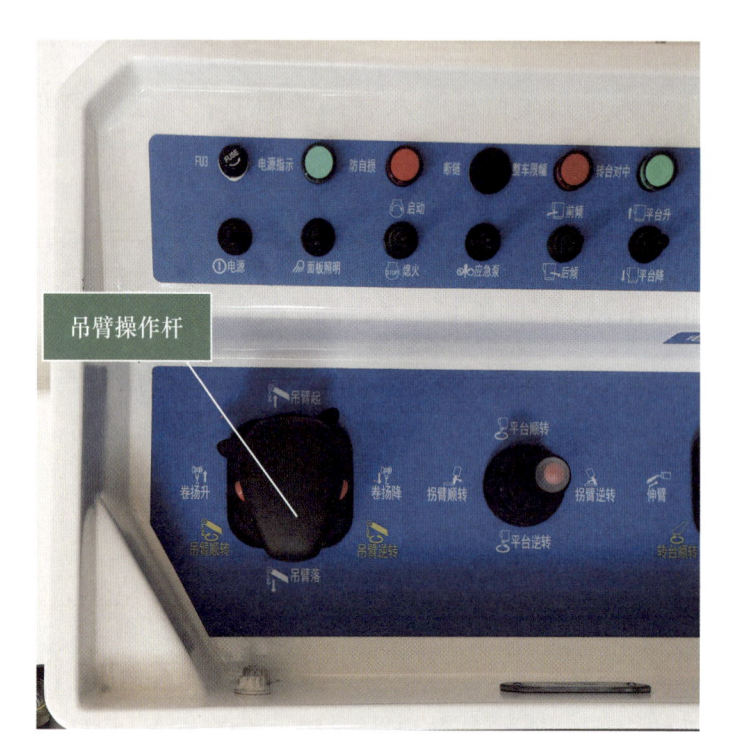

图 3-35　绝缘斗内吊臂操作控制

（四）使用绝缘斗内操控系统操作折叠臂式上装

由于折叠臂式绝缘斗臂车市场保有量不大，且操作方式较混合臂式绝缘斗臂车相近，因此，使用绝缘斗内操控系统操作折叠臂式上装的操作方法请参考伸缩式绝缘斗臂车的相关内容，此处仅对操作时的注意事项进行说明。

第四节　绝缘斗臂车上装操作注意事项

1. 工作臂操作注意事项

（1）操作时，注意控制操作力度，缓慢扳动操作手柄，避免出现急起急停现象，造成工作臂大幅晃动。前述操作方法中，操作方法 2 较为容易掌控操作力度，实际应用可根据个人习惯进行选择。

（2）从初始状态进入操作时，应先进行工作臂升降操作。工作臂离开支架前，不得进行工作臂、绝缘斗、拐臂的回转操作。

（3）工作结束后，先将绝缘斗转回初始位置，再将下臂、上臂依次落入支架并稳固支撑。否则，监测装置无法识别工作臂处于初始状态，无法进行车辆底盘回收。

（4）车辆倾斜状态下进行回转作业时，回转存在不顺畅可能性。

（5）在转台处的操作，仅限于空斗试验、辅助操作及应急救援，正常工作时应由作业电工在绝缘斗内操作。

（6）绝缘斗臂车上的回转系统通常具有自锁功能，即使液压马达没有液压动力，转台也可固定在某一位置。

（7）因绝缘斗操作时，操作人员身处高位，视角有限，在进行下臂回转操作前，要先确认转台和车载工具箱之间是否有人（物体）及有可能被夹的其他障碍物。

（8）在倾斜状态下进行回转操作，会出现回转不灵活，甚至不转动的情况。因此，一定要使绝缘斗臂车水平停放。

（9）在带电作业工位调整过程中，特别是在高空作业环境狭小、绝缘臂动作受限的情况下，绝缘斗回转操作是增大作业范围的重要手段。

（10）车辆行驶前须收回工作臂，且将绝缘斗旋转至初始位置，绝缘斗应牢靠固定在支架上，避免绝缘斗与车辆底盘发生碰撞，造成损伤。

（11）上、下绝缘臂之间的液压机构通常为金属材质，不具备绝缘性能，作业时应避开带电体。

（12）因折叠臂式绝缘斗臂车不具备伸缩结构，其灵活性差于混合臂式绝缘斗臂车。在进入工作位置时，要注意上、下臂之间的配合，避免危险情况的发生。

（13）如遇车辆控制异常或遇到危险时，应及时按压应急按钮，切断控制电源。

2. 绝缘斗注意事项

（1）操作绝缘斗上升时，应注意人体与吊臂的位置，防止绝缘斗在上升时人体与吊臂发生挤碰。若距离受限，应先拔掉吊车的旋转固定拴，将吊车旋转至合适位置，再调整绝缘斗。

（2）正常操作期间，如果绝缘斗未能调平到5°以内，说明平衡系统可能出现故障，应先查明原因并排除故障后方可继续操作。

（3）绝缘斗向下倾斜时，严禁提升上臂，避免对调平油路油压过高，迫使液压油流入平衡保持阀而溢出。

第三章 绝缘斗臂车上装操作

3. 吊臂操作注意事项

（1）吊臂升降操作时，应注意吊绳的松紧程度，避免造成吊绳的损伤或断裂。

（2）吊绳绳体各处张紧不同时，应捋平为相同张紧力后使用。

（3）吊臂的操作应由对车辆操作熟练的人员进行，操作幅度缓慢，避免急起急停；收、放吊绳起吊重物时，地面应设专人指挥。

（4）进行不停电作业时，吊臂严禁长时间接触不同电位体。

（5）严禁起吊质量不明的物体，严禁超负荷起吊重物或支撑导线。

（6）吊臂及吊绳应避免脏污、受潮，如有脏污，需清理擦拭干净并静置干燥后方可进行不停电作业。

（7）吊臂起吊重物应垂直起吊，严禁斜向拉扯起吊。

（8）吊绳不得在吊臂上卷绕，不得与尖锐物体摩擦，收起时应留有适当裕度，避免在行车晃动时造成损伤。

（9）手动调整俯仰角度的吊臂，在调节好需要的角度后，必须将锁销螺杆插牢锁死，并严格检查。

4. 液压多功能接口注意事项

（1）进行不停电作业时，液压工器具输油、回油管严禁接触带电体。

（2）保持液压工器具输油、回油管的表面清洁，及时擦净油污，防止沾染绝缘工器具、防护用具。

（3）液压快速接头具备闭锁功能，旋转接口金属滑环，将缺口和插销错开，即闭锁。

（4）因车辆类型各不相同，使用前务必了解清楚车辆及液压工具液压口的最大流量和最大压力。液压工具的额定流量应参考工具的操作说明书。把液压工具接到液压口前，应先确认液压口的最大吐出流量是否和液压工具的额定流量相符合，若流量不相符，液压工具无法进行正常工作。

（5）在拆除液压工器具输油、回油管接口时，应保持管口垂直朝上，不得扭曲、折弯油管。装拆油管时把金属环的缺口对准插销，方可拉出金属滑环。拆下后及时扣好防尘罩，防止渗漏液压油烫伤及沾染绝缘工器具、防护用具。

（6）不使用多功能接口时，应把液压接头用附带的盖子盖好，防止灰尘、泥土等物进入油管，造成油压零件的故障。

（7）安装液压工器具时，务必先将液压油路关闭，检查液压油路接口对接、锁闭完好，防止液压油路连接不畅或压力泄漏；拆除液压工具时，务必要完成液压油路的泄压操作，否则会造成压力过大无法解锁接口或造成液压油喷溅。

第四章

应急救援操作

出现紧急事故时，应先判断故障或事故发生的原因，确认作业车辆是否导电，考虑施救人员与被救人员的人身安全，避免造成人员二次伤害。

在对伤员进行施救时须遵循以下两种救护原则：

（1）紧急救护原则

紧急救护的基本原则是在现场采取积极措施，保护伤员的生命，减轻伤情，减少痛苦，并根据伤情需要，迅速与医疗急救中心（医疗部门）联系救治。急救成功的关键是动作快，操作正确。任何拖延和操作错误都会导致伤员伤情加重或死亡。

（2）触电急救原则

触电急救应分秒必争，一经明确心跳、呼吸停止的，立即就地迅速用心肺复苏法进行抢救，并坚持不断地进行，同时及早与医疗急救中心（医疗部）联系，争取医务人员接替救治。在医务人员未接替救治前，不得放弃现场抢救，更不能只根据没有呼吸或脉搏的表现，擅自判定伤员死亡，放弃抢救。只有医生有权作出伤员死亡的诊断。与医务人员接替时，应提醒医务人员在触电者转移到医院的过程中不得间断抢救。

本章节针对作业现场应急救援分为单车自救及双车（多车）救援两种方式进行描述，不同情况应选择相应的救援方式。

第一节　单车自救操作

1. 斗内操作实施单车自救

（1）斗内人员应先稳定情绪，确认自身无触电风险，并告知工作负责人自身状况。如有受伤，工作负责人应及时拨打 120 急救电话或协调车辆送医。

（2）斗内人员操作车辆撤离带电区域，返回地面。

（3）在等待救护车到来之前或送医途中，地面人员应遵循紧急救护原则对伤者进行先行救护，如伤口消毒、包扎等。

2. 斗内人员失去意识，由地面人员实施单车自救

（1）工作负责人拨打 120 急救电话或协调车辆送医。地面人员穿绝缘靴，戴绝缘手套，并同步在转台操作斗臂车，让工作斗下降至接近地面位置。

（2）在转台操作工作斗，使其纵向向外旋转（翻转）约 90°，解

开安全带挂钩，将斗内人员轻轻拖出，平放在地面上，见图4-1。

图4-1 地面人员单车自救操作

（3）在等待救护车到来之前，地面人员应遵循紧急救护原则对伤者进行先行救护，尽可能使伤者恢复意识并保持呼吸、脉搏等生命体征。

第二节 双车（多车）救援操作

作业过程中，发生危险时，若操作人员失去意识或车辆故障等，无法脱离高空时，可使用第二辆或多辆绝缘斗臂车进行高空救援。

1. 待救人员无触电风险时

（1）工作负责人应第一时间向上级汇报现场情况，调用救援绝缘斗臂车，地面电工继续尝试消除车辆故障。

（2）救援绝缘斗臂车到达现场后，由 1 名救援人员独自进入救援车辆的工作斗，操作车辆到达救援位置。

（3）将待救人员转移至救援绝缘斗内并挂好安全带挂环。

（4）操作车辆返回地面。若待救工作斗内有两人，则应施救两次，每次救援 1 人。

（5）根据被救人员情况联系送医或遵循紧急救护原则对伤者进行先行救护，见图 4-2。

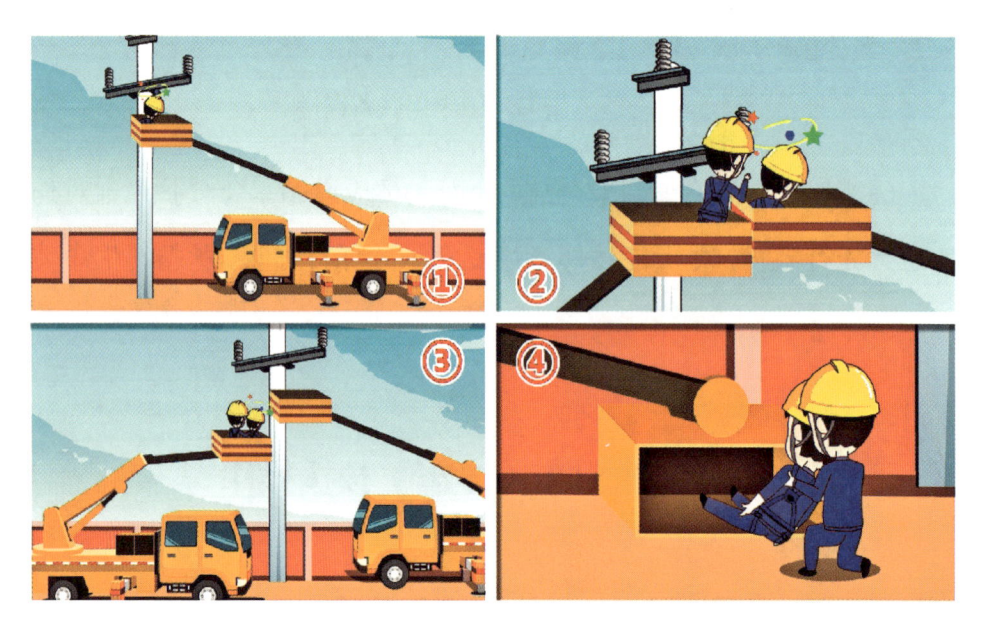

图 4-2 双车救援操作

2. 待救人员有触电风险时

（1）工作负责人第一时间向上级汇报现场情况，调用救援绝缘斗臂车。若作业人员已经受伤，还应及时拨打 120 急救电话。

（2）工作负责人联系配网调控人员或运维人员，对有触电风险的线路进行停电。

（3）救援绝缘斗臂车到达现场后，由1名救援人员穿戴好绝缘防护装备后独自操作救援绝缘斗臂车到达救援位置进行验电。确认无电后，将待救人员转移至救援绝缘斗内并挂好安全带挂环。

（4）操作车辆返回地面。若待救工作斗内有两人，则应施救两次，每次救援1人。

（5）在等待救护车到来之前或送医途中，地面人员应遵循紧急救护原则对伤者进行先行救护。

第三节　绳索救援操作

在登杆或使用绝缘斗臂车作业的过程中发生紧急状况，绝缘斗臂车无法操作或被救人员悬吊至电杆上且救援条件受限时，可采用绳索救援方式施救。

施救前，应确定采取必要的措施使被救人员脱离电源，且救援人员有足够的空间实施救援，如：加装隔离措施或停电等。具备条件后，按如下方法操作：

（1）将绳子（最好使用绝缘绳）固定在电杆或绝缘斗臂车的牢固部件上，固定时绳子要绕2~3圈，可在下放被救人员时起到缓冲作用，避免二次伤害。必要时，可将绳子缠绕在电杆或施救人员腰部，以增大摩擦力，减轻施救人员施力程度。

（2）将绳子的另一端从被救人员的腋下穿过，绕1圈，打3个扣结，绳头塞进伤员腋旁的圈内并压紧。

（3）拉紧绳子，检查绳结是否牢固，如有松脱应重新绑扎。

（4）解开被救人员身上的安全带，将被救人员缓慢下放至地面。

（5）在等待救护车到来之前或送医途中，地面人员应遵循紧急救护原则对伤者进行先行救护，见图4-3。

图4-3 绳索救援操作

第五章

常见故障分析与处理

1. 液压系统压力达不到工作压力

（1）溢流阀（安全阀）开启压力过低。排除方法：调整溢流阀开启压力。

（2）油箱油面过低或吸油管堵塞。排除方法：补充燃油，检查吸油管、滤油器。

（3）系统（油缸及阀等）有泄漏。排除方法：检查液压系统各连接部位。

（4）油泵损坏或泄漏太大。排除方法：检查油泵，进行检修或更换。

2. 液压系统噪声严重，振动过大，压力表指针跳动剧烈

（1）液压系统管道内存有空气，油面过低。排除方法：检查油面是否过低，吸油管是否有泄漏，如有泄漏，将泄漏处补好，并补足液压油。完成后，系统元件在空载情况下，循环动作多次，使油缸运动到极限位置，以排除空气。

（2）油泵运转不均匀。排除方法：检修或更换油泵。

（3）液压油管或管夹松动。排除方法：紧固液压油管和管夹。

（4）液压油油温过低或油已变质。排除方法：低速运转油泵，使液压油升温或更换新液压油。

（5）滤油器脏污，滤油功能减弱。排除方法：清洗或更换滤芯。

（6）安全溢流阀设定压力低。排除方法：调节安全溢流阀设定压力。

3. 液压系统油液发热严重，油温过高

（1）液压系统工作时间过长或环境温度过高。排除方法：停车冷却。

（2）溢流阀压力过高，冲击液压系统。排除方法：调整溢流阀压力。

（3）油泵转速过高。排除方法：降低发动机转速。

（4）液压系统泄漏严重。排除方法：检查各处液压油泵及缸体。

（5）液压元件、管路表面积灰过多。排除方法：清除表面积灰。

4. 工作臂自动下沉（油缸回缩）

（1）油缸内部泄漏。排除方法：更换油缸密封件或维修油缸。

（2）液压管接头漏油。排除方法：拧紧液压管接头或更换密封件。

（3）平衡阀失效。排除方法：检修或更换平衡阀。

5. 行驶状态支腿下沉或支腿伸出后自动缩回

（1）油缸内部泄漏。排除方法：更换油缸密封件或维修油缸。

（2）液压管接头漏油。排除方法：拧紧液压管接头或更换密封件。

（3）液压锁失效。排除方法：检修或更换液压锁。

6. 绝缘斗无法调平

（1）平衡阀失效。排除方法：检修或更换平衡阀。

（2）安全溢流阀设定压力低。排除方法：调节安全溢流阀设定压力。

（3）液压系统泄漏。排除方法：检修或更换液压系统管路，补足液压油。

7. 操作无反应或停止操作后动作无法停止

换向阀卡死。排除方法：拆洗相应的换向阀。

8. 进行支腿操作时系统无压力

（1）发动机未运转。排除方法：启动发动机。

（2）未启动取力器。排除方法：启动取力器。

（3）溢流阀（安全阀）卡死。排除方法：清洗溢流阀。

（4）油箱油面过低或加油管堵塞。排除方法：补充燃油，检查油管、滤油器。

（5）油泵损坏或液压油泄漏。排除方法：检修或更换油泵。

（6）"上/下车"功能未能切换。排除方法：检查"上/下车"互锁阀和电气检测开关。

9. 车辆控制正常，遥控操作无反应

（1）未切换至遥控操作。排除方法：将"遥控/平台"切换按钮置于正确位置。

（2）控制阀堵塞或故障。排除方法：拆洗控制阀。

（3）遥控器操作面板损坏。排除方法：更换遥控器操作面板。

10. 上装操控无反应

（1）未切换到上装操作状态。排除方法：将"上/下车"切换按钮置于正确位置。

（2）控制阀堵塞或故障。排除方法：拆洗控制阀。

（3）未捏合操作手柄上的捏合开关。排除方法：上装操作时，应根据需要捏合操作手柄上的捏合开关。

（4）工作臂液压软管受压或弯曲。排除方法：调整工作臂液压回路软管压力或捋顺软管。

（5）上装液压发电机未工作。排除方法：切换上装工作后，检查液压发电机是否工作，检查液压管路是否漏油，转台控制阀是否正常。

（6）长时间未工作，车辆自动切断上装电源。排除方法：重新接通电源。

11. 绝缘斗与转台无法通信

（1）光纤损坏。排除方法：检查或更换受损光纤。

（2）转台或绝缘斗处光纤转换模块损坏。排除方法：确认转台和绝缘斗两处的光纤转换模块指示灯是否正常，若不正常，检测线路或更换光纤转换模块。

（3）绝缘斗电池失压。排除方法：打开绝缘斗电源开关，确认指示灯状态。若指示灯熄灭，发电机运转良好，静待片刻后，指示灯仍不亮，则应更换绝缘斗电池。

（4）绝缘斗操作电源开关未打开。排除方法：重新打开绝缘斗操作电源开关。

12. 各项动作操作缓慢

（1）手动换向阀未完全打开。排除方法：完全打开手动换向阀。

（2）液压油太稠或温度太低。排除方法：接通取力系统，预热液压油。

（3）液压油位太低。排除方法：补足液压油。

（4）溢流阀（安全阀）开启压力过低。排除方法：调整溢流阀开启压力。

（5）液压管路、过滤器脏污。排除方法：清洗或更换液压管路、滤芯。

（6）液压管路受阻或打弯。排除方法：调整液压回路软管压力或捋顺软管。

（7）齿轮泵或控制阀因磨损而泄漏过大。排除方法：检修或更换齿轮泵、控制阀，补足液压油。

（8）绝缘斗工作时发动机未加速。排除方法：检查控制器或驾驶室电路板。

（9）绝缘斗手柄电位继电器损坏。排除方法：更换手柄电位继电器。

13. 工作臂动作变幅缓慢

（1）平衡阀故障。排除方法：检修或更换平衡阀。

（2）溢流阀因污染而打开。排除方法：拆洗溢流阀。

（3）液压缸内部泄漏。排除方法：更换液压缸密封垫。

（4）溢流阀压力设定值太低。排除方法：调整溢流阀设定压力。

（5）变幅手柄电位计故障。排除方法：更换新手柄或者电位计。

（6）回转马达故障。排除方法：检修或更换回转马达。

14. 操作时底盘发动机减慢或失速

（1）发动机怠速过低。排除方法：调高发动机怠速。

（2）发动机温度过低。排除方法：怠速预热发动机。

15. 转台回转过度松弛或无规律运动

（1）变速箱固定螺栓松动。排除方法：拧紧变速箱固定螺栓。

（2）回转支承润滑不足。排除方法：添加润滑脂。

（3）小齿轮与回转支承间隙过大。排除方法：调节小齿轮与回转支承中心距。

（4）回转支承或小齿轮齿牙破损。排除方法：修复或更换回转支承或小齿轮。

（5）变速箱磨损或失效。排除方法：修复或更换变速箱。

（6）回转马达固定螺栓松动。排除方法：拧紧回转马达固定螺栓。

16. 工作平台旋转时斗倾翻

返回调平换向阀被卡住。排除方法：修复或更换换向阀。

17. 绝缘斗旋转缓慢

（1）绝缘斗回转比例阀参数设置偏小。排除方法：将绝缘斗回转比例阀参数适当调大。

（2）绝缘斗回转限位溢流阀压力设置偏低。排除方法：将绝缘斗回转限位溢流阀压力设置调高。

18. 工作臂已脱离臂支架，支腿仍可操作

（1）工作臂支架处检测开关卡死。排除方法：检修或更换工作臂

支架处检测开关。

（2）"下车切换电磁阀"应急后未复位。排除方法：复位"下车切换电磁阀"应急手动旋钮。

19. 支腿动作未完成，工作臂可操作

（1）支腿检测开关卡死。排除方法：检修或更换支腿检测开关。

（2）"上车切换电磁阀"应急后未复位。排除方法：复位"上车切换电磁阀"应急手动旋钮。

20. 支腿动作完成后，工作臂无法动作

（1）"上/下车切换电磁阀"应急旋钮旋至支腿侧未复位。排除方法：复位"上/下车切换电磁阀"应急旋钮。

（2）急停开关处于按下状态。排除方法：复位急停开关。

（3）支腿检测开关故障。排除方法：检修或更换支腿检测开关。

21. 工作臂回收后，支腿无法操作

（1）"上/下车切换电磁阀"应急旋钮旋至上车侧未复位。排除方法：将"上/下车切换电磁阀"应急旋钮从上车侧旋松退出完全复位。

（2）急停开关处于按下状态。排除方法：复位急停开关。

（3）工作臂支架检测器未压实。排除方法：上下调整工作臂，压实工作臂支架检测器。

22. 伸长工作臂的状态下，静置时会有少量收缩

在工作油温较高的状态下，伸长工作臂静置时工作臂会有少量收

缩。排除方法：此情况并非异常，降低工作臂操作频率，确保液压油油温处于正常范围。

23. 作业范围区域内，工作臂动作停止

（1）工作臂接近驾驶室、工具箱、支腿时，动作会自动停止。因工作臂防碰撞功能起作用，且防自损指示灯常亮。排除方法：此情况并非异常，工作臂操作时远离驾驶室、工具箱、支腿。

（2）工作臂达到最大安全作业范围时，停止动作，且限幅指示灯常亮。排除方法：此情况并非异常，绝缘斗臂车配有限幅防超载功能，超出限值时工作臂将停止动作。

24. 液压工具（小吊臂、卷扬机）运行缓慢或在额定载荷内无动作

（1）液压工具无压力信号。排除方法：替换减压阀工具信号压力管。

（2）工具压力设置过低。排除方法：调节减压阀工具压力。

（3）发动机节流调速不工作。排除方法：调节或替换发动机节流控制器。

25. 取力系统不工作

（1）取力控制器（PTO）未连接。排除方法：打开取力控制器（PTO），确保可操作。

（2）泵的旋向与取力控制器（PTO）的旋向不匹配。排除方法：检查泵与取力控制器（PTO）的旋向是否匹配。

26. 燃油油路不畅

排除方法：打开吸入管阀门，如油箱缺油，应立即加油；检查吸入软管有无堵塞。

27. 泵、泄流管和信号出口连接错误

排除方法：查看液压管路图，保证泵、泄流管和信号出口连接正常。